中华精神家园
历史长河

印纺工业

历代纺织与印染工艺

肖东发 主编　蒲永平 编著

中国出版集团
现代出版社

图书在版编目（CIP）数据

印纺工业 / 蒲永平编著. — 北京：现代出版社，2014.11（2021.7重印）

（中华精神家园书系）

ISBN 978-7-5143-3086-1

Ⅰ. ①印… Ⅱ. ①蒲… Ⅲ. ①纺织工业－技术史－中国－古代②染整工业－技术史－中国－古代 Ⅳ. ①TS1-092

中国版本图书馆CIP数据核字(2014)第244466号

印纺工业：历代纺织与印染工艺

主　　编：	肖东发
作　　者：	蒲永平
责任编辑：	王敬一
出版发行：	现代出版社
通信地址：	北京市定安门外安华里504号
邮政编码：	100011
电　　话：	010-64267325　64245264（传真）
网　　址：	www.1980xd.com
电子邮箱：	xiandai@cnpitc.com.cn
印　　刷：	三河市嵩川印刷有限公司
开　　本：	710mm×1000mm　1/16
印　　张：	11
版　　次：	2015年4月第1版　2021年7月第3次印刷
书　　号：	ISBN 978-7-5143-3086-1
定　　价：	40.00元

版权所有，翻印必究；未经许可，不得转载

序言

党的十八大报告指出："文化是民族的血脉，是人民的精神家园。全面建成小康社会，实现中华民族伟大复兴，必须推动社会主义文化大发展大繁荣，兴起社会主义文化建设新高潮，提高国家文化软实力，发挥文化引领风尚、教育人民、服务社会、推动发展的作用。"

我国经过改革开放的历程，推进了民族振兴、国家富强、人民幸福的中国梦，推进了伟大复兴的历史进程。文化是立国之根，实现中国梦也是我国文化实现伟大复兴的过程，并最终体现为文化的发展繁荣。习近平指出，博大精深的中国优秀传统文化是我们在世界文化激荡中站稳脚跟的根基。中华文化源远流长，积淀着中华民族最深层的精神追求，代表着中华民族独特的精神标识，为中华民族生生不息、发展壮大提供了丰厚滋养。我们要认识中华文化的独特创造、价值理念、鲜明特色，增强文化自信和价值自信。

如今，我们正处在改革开放攻坚和经济发展的转型时期，面对世界各国形形色色的文化现象，面对各种眼花缭乱的现代传媒，我们要坚持文化自信，古为今用、洋为中用、推陈出新，有鉴别地加以对待，有扬弃地予以继承，传承和升华中华优秀传统文化，发展中国特色社会主义文化，增强国家文化软实力。

浩浩历史长河，熊熊文明薪火，中华文化源远流长，滚滚黄河、滔滔长江，是最直接的源头，这两大文化浪涛经过千百年冲刷洗礼和不断交流、融合以及沉淀，最终形成了求同存异、兼收并蓄的辉煌灿烂的中华文明，也是世界上唯一绵延不绝而从没中断的古老文化，并始终充满了生机与活力。

中华文化曾是东方文化摇篮，也是推动世界文明不断前行的动力之一。早在500年前，中华文化的四大发明催生了欧洲文艺复兴运动和地理大发现。中国四大发明先后传到西方，对于促进西方工业社会的形成和发展，曾起到了重要作用。

中华文化的力量，已经深深熔铸到我们的生命力、创造力和凝聚力中，是我们民族的基因。中华民族的精神，也已深深植根于绵延数千年的优秀文化传统之中，是我们的精神家园。

总之，中华文化博大精深，是中国各族人民五千年来创造、传承下来的物质文明和精神文明的总和，其内容包罗万象，浩若星汉，具有很强的文化纵深，蕴含丰富宝藏。我们要实现中华文化伟大复兴，首先要站在传统文化前沿，薪火相传，一脉相承，弘扬和发展五千年来优秀的、光明的、先进的、科学的、文明的和自豪的文化现象，融合古今中外一切文化精华，构建具有中国特色的现代民族文化，向世界和未来展示中华民族的文化力量、文化价值、文化形态与文化风采。

为此，在有关专家指导下，我们收集整理了大量古今资料和最新研究成果，特别编撰了本套大型书系。主要包括独具特色的语言文字、浩如烟海的文化典籍、名扬世界的科技工艺、异彩纷呈的文学艺术、充满智慧的中国哲学、完备而深刻的伦理道德、古风古韵的建筑遗存、深具内涵的自然名胜、悠久传承的历史文明，还有各具特色又相互交融的地域文化和民族文化等，充分显示了中华民族的厚重文化底蕴和强大民族凝聚力，具有极强的系统性、广博性和规模性。

本套书系的特点是全景展现，纵横捭阖，内容采取讲故事的方式进行叙述，语言通俗，明白晓畅，图文并茂，形象直观，古风古韵，格调高雅，具有很强的可读性、欣赏性、知识性和延伸性，能够让广大读者全面接触和感受中国文化的丰富内涵，增强中华儿女民族自尊心和文化自豪感，并能很好继承和弘扬中国文化，创造未来中国特色的先进民族文化。

2014年4月18日

印纺滥觞——上古时期

先秦印染原料与印染技术　002

先秦时期主要纺织原料　011

先秦时期的纺织原料加工　020

先秦楚国的丝织和刺绣　026

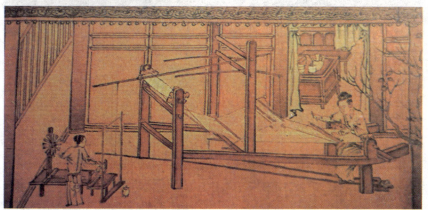

初显风格——中古时期

034　秦汉时期的纺织技术

042　秦汉时期的染织技术

048　魏晋南北朝的印染技术

057　隋代的染织工艺技术

063　唐代精美的丝织工艺

072　唐代印染与刺绣工艺

锦上添花——近古时期

宋代纺织技术水平　080

宋代彩印与刺绣工艺　090

元代回族织金技术　097

元代乌泥泾棉纺技艺　106

锦绣时代——近世时期

114　明代纺织印染工艺

122　清代丝织云锦工艺

131　清代棉纺毛纺工艺

139　明清时期的苏绣

144　明清时期的湘绣

150　明清时期的粤绣

157　明清时期的蜀绣

上古时期

印纺滥觞

上古时期一般指夏、商、周三代,直至秦王朝的建立,因此这一时期又叫先秦时期。这一时期,我国的纺织、印染技术均取得了较大进步,它是我国古代纺织史的重要组成部分。

先秦时期的印染与纺织工艺,是我国纺织业的滥觞期。我国古代劳动人民在生产、生活实践中不断探索,逐步发现了用于印染和纺织的材料,创造性地开发和利用这些材料,掌握了印染工艺技术和染色工艺技术。对我国古代纺织的发展产生了重大的影响。

先秦印染原料与印染技术

我国古代用于给织物着色的材料概括起来有天然矿物颜料和植物染料两大类。矿物颜料即无机颜料，是无机物的一类，属于无机性质的有色颜料。植物染料是指利用自然界之花、草、树木、茎、叶、果实、种子、皮、根提取色素作为染料。

我国很早就利用矿物颜料和植物染料对纺织物或纱线进行染色，并且在长期的生产实践活动中，总结掌握了各类染料的制取、染色等工艺技术，生产出五彩缤纷的纺织品，丰富了古人的物质生活。

■ 古代绿地染缬绢

■ 古代矿物颜料朱砂

我国在服装上着色的历史就是从矿物颜料的利用开始的,其渊源可追溯至新石器时代的晚期。而自此以后的各个时期,由于它们不断地被人们所采用,终于发展成历代以彩绘为特点的特殊衣着上色所需的原材料。

先秦时期矿物颜料的品种主要有赭石、朱砂、石黄、空青、铅白等,分属红、黄、绿、蓝色系。

赭石主要成分是呈暗红色的三氧化二铁,在自然界中分布较广,是我国古代应用最早的一种红色矿物颜料。

1963年,在发掘江苏省邳县四户镇大墩子4000多年前的文化遗址时,出土了4块赭石,其上有明显的研磨痕迹,说明当时我国已开始利用矿物颜料了。

至春秋战国时,赭石由于色泽逊于其他红色染料,逐渐被淘汰,但仍被用来做监狱囚衣的专用颜

新石器时代 始于距今8000年前的人类原始社会母系氏族的繁荣时期。以磨制的石斧、石镞、石凿和石铲,琢制的磨盘和打制的石锤、石片、石器为主要工具。在考古学上是石器时代的最后一个阶段,即以使用磨制石器为标志的人类物质文化发展阶段。

■ 印染原料雄黄

料。后来"赭衣"成为囚犯的同义词。

朱砂又名丹砂,主要成分是红色硫化汞,属辉闪矿类,在湖南、湖北、贵州、云南、四川等地都有出产,是古代重要的矿物颜料。

我国利用朱砂的历史很早,在青海乐都柳湾原始社会时期的墓葬中曾发现大量朱砂,在北京琉璃河西周早期墓葬、宝鸡茹家庄西周墓中,也都发现过有朱砂涂抹痕迹的织物残片。

朱砂的色泽比赭石鲜艳,色牢度又好。在制作朱砂的过程中,会出现多种红色,上层发黄,下层发暗,中间的朱红色彩最好。

石黄分雌黄和雄黄,用于颜料的多为雄黄,化学成分为三硫化二砷,其颜色为橙黄色,半透明,是天然的黄色染料。石黄是红光黄,色相丰满纯正,色牢度好。陕西宝鸡茹家庄出土的西周刺绣印痕上有石黄颜料的遗残。

空青作为矿石是有名的孔雀石,作为颜料又名"石绿",是含有结晶水的碱式碳酸铜,结构疏松,研磨容易,色泽翠绿,色光稳定,耐大气作用性能好,是很重要的矿物质。

另一种碱式碳酸铜矿石是蓝铜矿,又名"石

西周 西周从公元前1046年周武王灭商朝起至公元前771年周幽王被申侯和犬戎所杀为止,共经历11代12王,大约历经276年。它东至大海,西抵羌戎,北达鬼方,南至荆楚。周朝是中国远古社会的鼎盛时期。

青""大青""扁青",可作为蓝色矿物颜料。

铅白又名"胡粉""粉锡",成分为碱式碳酸铅。蜃灰也是传统的白色涂料,可用于织物或其他器物的涂料。

植物染料和矿物颜料虽然都是设色的色料,但它们的作用却是很不相同的。以矿物颜料着色是通过黏合剂使之黏附于织物的表面,其本身虽具备特定的颜色,却不能和染色相比,所着之色也经不住水洗,遇水即行脱落。

植物染料则不然,在染制时,其色素分子由于化学吸附作用,能与织物纤维亲合,从而改变纤维的色彩,虽经日晒水洗,却均不脱落或很少脱落,故谓之"染料",而不谓之"颜料"。

利用植物染料,是我国古代染色工艺的主流。自周以来的各个时期生产和消费的植物染料数量相当大,其采集、制备和使用方法,值得称道之处也极多。

春秋战国时期,我国的草染技术已经相当成熟。从染草的品种、采集、草染染色工艺、媒染剂的使用,都形成了一套管理制度。

古代使用过的植物染料种类很多,单是文献记载的就有数十种,现在我们仅就几种比较重要的常用染料谈一谈。

蓝草,一年生草本,学名蓼蓝。它茎叶含有靛苷,这种物质经水解发酵之后,能产生靛白,当靛白经日晒、空气氧化后缩合成有染色

博物馆染色的丝绸藏品

■ 古代染坊

功能的靛蓝。在古代使用过的诸多植物染料中,它是应用最早,使用最多的。

我国利用蓝草染色的历史很长,据记载,我国夏代已经种植蓝草了。至春秋战国时期,采用发酵法还原蓝靛,这就可以用预先制成的蓝泥染出青色来。荀况的《荀子·劝学》篇有"青取之于蓝而青于蓝"的说法。

蓝靛制作方法是把蓝草叶浸入水中发酵,蓝苷水解溶出,即成吲哚酚,再在空气中氧化沉淀缩合成靛蓝泥,即可贮之待用。靛蓝染布色泽浓艳,牢度好,一直流传至今。

茜草,又名"茹藘"和"茅蒐",是我国古代长期使用的植物染料。战国以前是野生植物。《诗经》记载:"茹藘在阪""缟衣茹藘",前者是说它生长在山坡上,后者是说它的染色。

荀况(约公元前313—前238),战国末期赵国人。著名的思想家、文学家、政治家,儒家代表人物之一。时人尊称为"荀卿"。荀子对儒家思想有所发展,他提倡"性恶论",其学说常被后人拿来跟孟子的"性善说"比较,荀子对重新整理儒家典籍也有相当显著的贡献。

茜草是一种多年生攀缘草本植物，春秋两季皆能收采。收采后晒干储藏，染色时可切成碎片，以热水煮用。

茜草属于媒染染料，所含色素的主要成分为茜素和紫素。如直接用以染制，只能染得浅黄色的植物本色，而加入媒染剂则可染得多种红色调。

出土文物证明，古代所用媒染剂大多是含有铝离子较多的明矾。这是因为明矾水解后产生的氢氧化铝和茜素反应，能生成色泽鲜艳、具有良好附着性的红色沉淀。

在长沙马王堆汉墓出土的"深红绢"和"长寿绣袍"的红色底色，经化验是用茜素和媒染剂明矾多次浸染而成。

紫草在《尔雅》中称为"茈草"。它属于紫草科，是多年生草本植物，8月至9月茎叶枯萎时采掘，紫草根断面呈紫红色，含紫色结晶物质乙酰紫草宁，可作为紫色染料。紫草宁和茜素相似，不加媒染剂，丝毛麻纤维均不着色，加椿木灰、明矾媒染，可染得紫红色。

荩草茎叶中含黄色素，主要成分是荩草素，是黄酮类媒染染料，可直接染丝纤维，以铜盐为媒染剂可得鲜艳的绿色。

除上述植物外，古代还以狼尾草、鼠尾草、五倍子等含有鞣质的植物作为染黑的主要材料。

我国的染色技术起源很早，《诗经》中有不少记述当时人们采集染料染色，以及描绘所染织物色彩美丽的诗篇。

蓝色染布

《小雅·采绿》的译文是：从早到晚去采蓝，采得蓝草不满裳。从早到晚去采绿，采得绿草不满掬。

《豳风·七月》的译文是：

七月里伯劳鸟儿叫得欢，八月里绩麻更要忙。染出的丝绸有黑也有黄，朱红色儿更漂亮，给那阔少爷做衣裳。

《郑风·出其东门》的译文是：东门外的少女似白云，白云也不能勾动我的心，身着白绸衣和绿佩巾的姑娘啊，只有你才使我钟情。瓮城外的少女像白茅花，白茅花再好我也不爱她。那身穿白绸衫和红裙子的姑娘呀，只有和你在一起我才快乐。

将采集的植物染料变为各种艳丽的色彩，《诗经》中描绘当时织物的颜色，真可谓五彩缤纷！

《诗经》和同时期其他文献中出现众多的色彩名称，表明我国一直延续使用了2000多年的多次浸染、套染、媒染工艺是从这个时期迅速发展普及起来的。

多次浸染法是根据织物染色的深浅要求，将织物反复多次地浸泡在同一种染液中着色。常见的为靛蓝的染色，每染一次色泽加深一些。用茜草及紫草染色时，也是一样，再染一次，色泽也变化一次。

套染法的工艺原理和多次浸染法基本相同，也是多次浸染织物。

只不过是浸入两种以上不同的染液中，以获得各种色彩的中间色。

如染红之后再用蓝色套染就会染成紫色；先以靛蓝染色之后再用黄色染料套染，就会得出绿色；染了黄色以后再以红色套染就会出现橙色。

《诗经》对当时染色情况的描述，还说明我国远在3000多年前已获得染红、黄、蓝三色的植物染料，并能利用红、黄、蓝三原色套染出五光十色的色彩来。

《淮南子》记载：染者先青而后黑则可，先黑而后青则不可。另外当时的人们也已知道，青与黄可合为绿色，但以藤黄合靛青则为绿，即用不同的青色与黄色染料，合成的绿色也不相同。

媒染染色已成为先秦时期的植物染色中最为主要的内容。

媒染法是借助某种媒介物质使染料中的色素附着在织物上。

这是因为媒染染料的分子结构与其他各种染料不

《淮南子》 又名《淮南鸿烈》《刘安子》，刘向校定时名"淮南"，是西汉淮南王刘安及其门客李尚、苏飞、伍被、左吴、田由等8人，仿秦吕不韦著《吕氏春秋》，集体撰写的一部著作。这部书的思想内容接近于道家，同时夹杂着先秦各家的学说。

■ 古人纺织图

同，不能直接使用，必须经媒染剂处理后，方能在织物上沉淀出不溶性的有色沉淀。

媒染染料的这一特殊性质，不仅适用于染各种纤维，而且在利用不同的媒染剂后，同一种染料还可染出不同颜色。

比如蓝草中所含的蓝苷水解溶出，即成吲哚酚，在空气中氧化缩合成靛蓝。

先秦时采用的是鲜叶发酵染色法，将蓝草叶和织物糅在一起，蓝草的叶子被揉碎，液汁就浸透织物；或者把布帛浸在蓝草叶发酵后澄清的溶液里，然后晾在空气中，使吲哚酚转化为靛蓝。

可见先秦时期蓝草的染色工艺已经相当成熟，掌握了通过多次染色得到深色的工艺。

媒染染料较之其他染料的上色率、耐光性、耐酸碱性以及上色牢度要好得多，它的染色过程也比其他染法复杂。媒染剂如稍微使用不当，染出的色泽就会大大地偏离原定标准，而且难以改染。必须正确地使用媒染济，才能达到目的。

总之，先秦时期的印染原料和印染工艺，都是从染工们长期的生产实践中总结出来的知识，为我国古代印染技术的发展奠定了基础。

阅读链接

我国的染色技术早在两三千年前就已具备了很高的水平，并且已有了专门从事染色的染匠。

据古书记载，西周武王去世后，周公遂以冢宰的身份辅佐周成王，摄政7年以后，周成王年长，周公于是归政周成王。

周公在摄政时，设置了许多国家机关来处理全国的政事，旧称"六官"，即天官、地官、春官、夏官、秋官和冬官。

在天官下设一个叫"染人"的官职，专门负责给物品染色；在地官下设一个叫"掌染草"的官职，专管染料的征集和加工。

先秦时期主要纺织原料

世界各国纺织的发展,都是先从野生纤维的利用开始的,我国也是这样。先秦时期用于纺织的纤维原料可分为植物纤维和动物纤维两大类。先秦时期最初采用的都是野生的动植物纤维,后来人们经过长期实践,开始种植植物、饲养动物,以此来获取纺织纤维。

其中,植物纤维大多为葛、麻等韧皮类植物纤维。由于葛纤维吸湿散热性较好,织物特别适宜做夏季服装,因而成为先秦时期纺织的重要原料之一。动物纤维是一些野生动物的毛、丝等加工成的纤维,这类织物质地松软,保暖性好,故也成为先秦时期纺织的重要原料。

■ 天然彩色蚕丝

■ 纤维织物

旧石器时代 旧石器时代指人类以石器为主要劳动工具的早期时代,从距今260万年延续到1万多年以前。旧石器时代的人类依靠采集坚果、浆果和种子来维持生存。旧石器时代人类的最大进步是在智力方面。人脑有了抽象思维的能力。在旧石器时代,人类首次创造了艺术,如岩画等。

先秦时期的植物纤维和动物纤维主要为葛、麻、毛、丝等。其中麻纤维中的苎麻是我国特有的,在国内外享有盛誉,被誉为"中国草";蚕丝的发现与使用,是我国对世界文明作出的杰出贡献之一。

葛是一种蔓生植物,又名葛藤,有块根,有小叶3片,夏季开紫色蝴蝶花。多生长在丘陵地带,在我国很多地区都有分布,是我国古代最早采用的纺织原料之一。

早在旧石器时代,人们已经开始利用葛。经过长期的生产、生活实践,人们从最初食用葛根块,到用其藤条捆扎东西,逐渐掌握了分离葛纤维并加以利用的方法。

1972年,在江苏省草鞋山新石器时代遗址中出土了3块织物残片。据上海纺织科学研究院分析,这是用葛纤维制成的。由此可以推测至迟在新石器时代晚期，人们已经利用葛纤维来生产织物。

我国古代文献中关于葛的记载是很多的。《诗经》中涉及葛的种植和纺织的就有几十处。《越绝书·越绝外传记越地传》中有吴越时期种葛的记载：

葛山者，勾践罢吴，种葛，使越女织葛布，献于吴王夫差。

明确记载了葛的人工种植。据记载，周代专门设立了"掌葛"的官吏，来掌管葛类纤维的种植和纺织。这些都说明最迟至周时，人们已经非常熟练地掌握了葛的使用技术。

古籍中说道："刈取之，于是漫煮之，煮制已迄，乃缉绩之，为编为络。"意思是将葛藤割下以后放在热水中煮烂，然后在流水中清洗干净，提取其纤

> **吴越** 春秋吴国、越国故地的并称，泛指现在的江苏南部、上海、浙江、安徽南部、江西东部一带地区。吴越民系是古老的江东民系，共同缔造了这片地域。春秋时期吴越虽为两个敌对的国家，但其实又是同民族、同文化、同语言的兄弟国家。

■ 用来提取纤维的葛根

古代苎麻

维后成纱，用于织布。

麻纤维是先秦时期用来纺织的植物纤维中用得最多的。该时期主要的麻纤维是苎麻、大麻、苘麻。

苎麻是荨麻科雌雄同株的多年生草本植物，喜欢生长在比较温暖和雨量充沛的山坡、阴湿地等处，多分布在南方各地和黄河流域的中下游地区，茎皮中含有70%—80%的纤维量。

苎麻茎皮纤维洁白细长，柔而韧，具有较强的吸湿、透气性，是我国古代特有的纤维，被称之为"中国草"。河姆渡出土的一部分草绳就是用苎麻制成的，同时还有完整的苎麻叶出土。

1985年，钱山漾出土了一些苎麻织物残片，表明我国四五千年前已经开始使用苎麻。

在《禹贡》《周礼》《诗经》《礼记》《左传》《战国策》等有关先秦时期的古籍中，都有许多关于苎麻的记载。这些都表明，苎麻是我国先秦时期主要的纺织原料。

大麻又称"火麻""疏麻",是属于桑科雌雄异株的一年生草本植物,雌株花序呈球状或短穗状,雄株花序呈复总状,雄株麻茎细长,成熟较早,韧皮纤维质量好。大麻分布在我国绝大部分地区,其利用也是很早的。

河南郑州大河村新石器时代遗址中出土的大麻种子,甘肃东乡林家公元前3000年左右马家窑文化遗址出土的雌麻种子,都证明当时已经开始人工种植大麻。

大麻的人工种植在先秦时期已经相当普遍,周代时还专门设立了"典枲"部门掌管大麻的生产。在《诗经·豳风·鸱鸮》中有"丘中有麻"的记载,可知当时麻的种植是纵横成行的。

《诗经》《禹贡》《周礼》等书中将大麻雌株称为"苴""荸",雄株称为"枲""牡麻",质量较差的

> **马家窑文化** 1923年首先发现于甘肃省临洮县的马家窑村,因此得名。马家窑文化是仰韶文化向西发展的一种地方类型,出现于距今5700多年的新石器时代晚期,有马家窑、半山、马厂等类型。主要分布于黄河上游地区及甘肃,青海境内的洮河、大夏河及湟水流域一带。

■ 大麻纤维

■ 古代毛毡帽

雌株纤维织较粗的布，质量较好的雄株纤维织较细的布。由此可知当时对大麻的雌雄异株现象、雌雄纤维的纺织性能都有了较深的认识。

苘麻是一年生草本植物，茎皮多纤维，也是先秦时期常用的纺织原料，在我国大部分地区都有生产。苘麻纤维的纺织性能不佳，主要用来制作绳索或丧服。

上述各类麻纤维中，以苎麻的质量最好。苎麻纤维细长、坚韧、平滑、洁白有光泽，有良好的抗湿、耐腐、散热性。在以后的各个时期，都被不断应用在纺织生产中。

先秦时期，除了葛、麻纤维外，还有其他一些植物纤维也常常被利用，如楮、薜等。楮又叫"榖"，是一种落叶乔木，楮皮纤维细而柔软，坚韧有拉力，在周代广泛种植。薜又叫"山麻"，周代可能用过，但还没有确切的记载。

动物毛纤维，也是先秦时期重要的纺织原料之一。我国利用毛纤维纺织的历史和利用各种植物纤维的历史一样悠久，可以追溯至新石器时代。

由于毛纤维易腐烂，在地下难以长久保存，因此早期的毛纺实物出土不多，而且出土地点也都集中在

甲骨文 我国已发现的古代文字中时代最早、体系较为完整的文字。甲骨文主要指殷墟甲骨文，又称为"殷墟文字""殷契"，是殷商时代刻在龟甲兽骨上的文字。甲骨文是商代后期王室用于占卜记事而刻在龟甲和兽骨上的文字。

比较干燥的地方。

1957年，在青海柴达木盆地南端，发掘和收集了西周初期的毛织品，以平纹居多，有黄褐和红黄两色相间的条纹织品，也有未染色的素织品，织物表面覆盖着轻纱，细密光滑，保暖防风。

同时出土的还有一块毛织物，捻度小，经纬密小，质地松软，保暖性好。

1979年，在新疆哈密一个商代墓葬里，发现了一批毛织物和毛毡。在距今3800年的新疆罗布泊古墓沟和罗布泊北端铁扳河墓葬中出土了山羊毛、骆驼毛、牦牛毛织品及毛毡帽。

这些出土实物表明，我国劳动人民早在距今4000年前就已经掌握了毛纺织技术，至商周时期毛纺织技术已达到一定水平。

有关毛纤维的利用在先秦文献中也有很多记述。《诗经·王风》中有"毳衣如菼""毳衣如璊"的记载，说的是用染过颜色的兽毛织物做成衣服，就像碧绿的荻草和鲜红的美玉一样漂亮。

先秦时期选用的毛纤维种类比较多，凡是能得到的各种野兽和家畜的毛，都在选用之列。后来经过长期实践，才选出以羊毛等少数几种毛纤维为主。

我国桑蚕丝绸生产的历史非常悠久，但在商代以前没有文字记

蚕丝

古代采桑彩绘砖

载，只是后世留下一些神话和传说，有盘古、伏羲、女娲、神农、黄帝以及其妻嫘祖、蚩尤、舜等。

神话传说不是信史，桑蚕丝绸起源的可靠证据还是来自对甲骨文上蚕桑文字的分析以及考古发现。

在河南安阳殷墟出土的甲骨文中，有许多"蚕"和"桑"的象形字。"蚕"和"桑"字主要出现在殷墟卜辞中祭祀蚕神，卜辞是祈祷农业和蚕桑业丰收的祭祀记录，也是蚕桑业和人们休戚相关的证明。

从甲骨文中的"蚕"字和"桑"字可知，商代的蚕丝业发展已经很好了。

除了甲骨文中的桑蚕文字，还有许多先秦时的桑蚕丝绸物出土。

1926年，在山西省夏县西阴村新石器时代遗址，发现了半个经人工切开的茧，茧长1.36厘米，宽0.71厘米。经鉴定为蚕的茧。

1958年，在浙江吴兴钱山漾新石器时代遗址中，出土了一批4700年前的丝织品。它们是在我国长江流域发现最早、最完整的丝织品。

丝帛中有未炭化但呈黄褐色的绸片，长2.4厘米，宽1厘米，还有虽已炭化但仍有一定韧性的丝带、丝绳等。

1977年，在浙江省余姚罗江河姆渡发掘的距今6900年的新石器遗址中，出土了刻有蚕纹的象牙盅。

　　1984年，在河南省荥阳青台村仰韶文化遗址出土了距今5500年的丝织物残片，这是我国北方黄河流域迄今为止发现最早的丝织品实物。

　　从出土文物来看，我国先民早在6000多年前就对蚕的许多特点有了较深的认识，甚至可以加以利用，丝绸技术已经相当成熟。

　　蚕有桑蚕、柞蚕之分。桑蚕食桑树叶，故名"桑蚕"；柞蚕食柞树叶，故称"柞蚕"。所谓蚕丝就是由蚕体内一对排丝腺分泌出来的胶状凝固物。主要有两种：一为桑蚕丝；一为柞蚕丝。

　　桑蚕丝指桑蚕在化蛹前结茧时吐的丝，大都呈白色，光泽良好，手感柔软，供纺织丝绸用；柞蚕丝是指柞蚕吐的丝，原为褐色，缫成丝后呈淡黄色。柞蚕丝较桑蚕丝粗，不易漂染，常用于织柞蚕丝绸。

　　蚕丝以其强韧、纤细、光滑、柔软、有光泽、耐酸等许多优点在众多的纺织原料中独树一帜，享有盛誉。它是我国古代劳动人民对世界文明的主要贡献之一。

阅读链接

　　古籍《汉唐地理书钞》《搜神记》中都记载了马头娘娘的传说。

　　讲的是蜀地一位姑娘的父亲为人所掠，其妻念夫心切，许愿说谁能马上将丈夫找回，就将女儿许配给谁。

　　她家的马闻言后脱缰而起，很快就将姑娘的父亲找回家。后来马见了姑娘就咆哮不止，男主人就将马杀了，将马皮晒于门外。

　　有一天，姑娘在门外玩耍，忽然刮起一阵狂风，马皮便卷了姑娘飞上天空。

　　10天后，那姑娘裹着马皮，落在大树上变成蚕吐丝作茧，后人即称蚕为"马头娘娘"。

先秦时期的纺织原料加工

先秦时期的纺织原料加工过程是我国纺织科技史的重要组成部分。这一时期的纺织加工经过夏、商、周时期的发展,已经取得很大进步,并形成了一定的规模。

先秦时期的纺织技术,从最初的用手搓、绩、编结到发明纺织机具,逐步掌握了纺坠纺纱、纺车纺纱、织机织造以及缫丝、染色等工艺技术。

商周时期,各诸侯国大力发展纺织生产,纺织的社会性质已经充分显现。从商代开始,一些纺织品开始进入市场流通,并且开始向国外传播,为东西方文化的交流做出了贡献。

■ 古代纺织机

▪ 古人纺织场景

纺织是对纺织原料的加工，葛藤和大麻、苎麻的纤维，是我国古代重要的纺织原料之一。先秦时期对于纺织原料的加工织造以及织物的分类和命名也很细致，如织做精细的葛布称为"绨"，粗糙的葛布称为"绍"，络之细者称为"绉"。

人们最初使用葛，只是揭取葛藤的韧皮直接加以利用，并不知道葛纤维之间含有胶质，故使用起来脆而易断。后来发现倒伏在水中的葛藤纤维较为松散，使用起来柔软又具有韧性。

在以后长期的生活实践中，又逐渐掌握了用热水浸煮葛藤提取纤维的方法。

用现在的科学角度看，这种浸煮葛藤的劳动，实际上就是在对葛纤维进行半脱胶。葛纤维比较短，如果完全脱胶，则纤维呈单纤维分散状态，纺纱价值不高，采用煮的方法对其进行半脱胶，作用比较均匀，也易于控制脱胶的程度。

麻类植物枝茎表面的韧皮是由纤维素、木质素、果胶质及其他一

河姆渡遗址 我国南方早期的新石器时代遗址，位于距浙江省宁波市区约20千米的余姚市河姆渡镇，面积约4万平方米。1973年开始发掘，是我国目前已发现的最早的新石器时期的文化遗址之一。河姆渡遗址出土的文物曾多次出国展览，深深地震撼着整个世界。

些杂质组成，如想较好地利用麻类植物纺织，就不仅需要取得它的韧皮层，而且必须去除其中的胶质和杂质，将其中的可纺纤维分离并提取出来。

这种分离和提取麻纤维的过程即现代纺织工艺中所说的"脱胶"。先秦时期提取麻纤维主要有直接剥取法和沤渍法。

直接剥取法即用手或石器剥落麻类植物枝茎的表皮，揭取出韧皮纤维，粗略整理，不脱胶，直接利用。这种方法在新石器时期曾广泛使用。

河姆渡遗址出土的部分绳头，经显微镜观察，发现所用麻纤维均呈片状，没有脱胶痕迹，说明就是用直接剥取法制取的。

沤渍法也叫"自然脱胶法"。人们在长期的实践中，发现低洼潮湿处自然腐烂的麻纤维，比较容易剥取，而且纤维呈束状。以后人们便开始采用此种人工

■ 古代纺织场景

古代纺织图

浸渍脱胶的方法。

对麻纤维进行脱胶的历史,可追溯至新石器时代。如浙江省钱山漾新石器时代遗址中出土的苎麻纤维,在显微镜下观察,就有明显的脱胶痕迹。

有关沤渍脱胶法的记载,最早见于《诗经·陈风》记载:"东门之池,可以沤麻""东门之池,可以沤苎。"沤麻和沤苎是有一定科学道理的方法。

在日光照射下,流速缓慢的池水,温度较高,水中微生物的数量可以迅速增加。它们在生长繁殖过程中,需吸收大量沤在水中麻植物的胶质,作为自己的营养物质,这在客观上起了脱胶作用。

《诗经》中还将苎麻、大麻的沤渍分开描述,可见当时已掌握了不同纤维的浸渍时间和脱胶方法。

至战国以后,人们对沤渍季节、沤渍用水及沤渍时间,都作了许多科学总结。

先秦时期对毛纤维的加工,未见文献记载。但从一些出土实物来看,该时期人们对毛纤维已经掌握了一定的加工工序。

古代纺织图

《禹贡》中记载，夏禹时代地处西北和北方的兄弟民族用毛纺织品与中原地区的生活用品进行交换。至周代，中原一带毛纺织生产比较盛行。人们开始用天然染料将毛织品染出各种颜色，同时中原先进的染色技术也逐渐传播到边远的地区。

关于兽皮的加工，我国古代很早就摸索出了一些制革技术。生兽皮未经熟化时皮板脆硬，不便制作衣服。原始的熟皮方法就是把大张牛羊皮在水中浸泡或用硝来熟化；而兔、狗、猫等小动物的皮板较薄，可用谷糠、玉米面和酒等物熟化。

春秋战国时期，皮革加工技术已有很大的提高。

先秦时期的纺织技术，从最初的用手搓、渍、编结到发明纺织机具，逐步掌握了纺坠纺纱、纺车纺纱、织机织造以及缫丝、染色等工艺技术。

人们从蒙昧时代就掌握了搓合技术，从山西省大同许家窑发现了10万多年前的光滑的石球。据考古学家分析，这些石球是远古时代人们"投石索"用的，就是用绳子或皮条、藤蔓编结成附有长带的网兜，把石球装在网兜里，然后借助惯性抛投出去，从而猎获野兽。

由此推测当时的人们已经具备了搓绳的能力。

在新石器时代，人们发明了一种虽然简单却很实用的纺纱工具纺坠。纺坠是目前为止所发现的世界上最早的纺纱工具。

至商周时期，丝绸业已具有一定的生产规模，也有较高的织造技术，丝织手工业发展得很快，生产丝织物的地区也大为增加。

当时的缫丝技术，就是将蚕丝从蚕茧中疏解分离出来，从而形成长丝状的束纤维。从出土的商代甲骨文中可以看到许多有关缫丝的象形文字，先秦文献中也有许多关于缫丝的记载，这些都说明我国的缫丝技术在商代已经比较成熟了。

在西周时期纺织生产已是社会生产的主要形式之一，并且成为朝廷赋税的主要来源之一，家庭手工业纺织生产已在社会经济中占有比较重要的地位。

随着丝织技术的提高和丝绸产量的大幅度增加，丝绸产品除了满足贵族的日常需要外，还作为商品进入市场流通，使丝绸贸易日趋兴盛。社会生产力得到了很大发展，纺织生产当然也有极大的进步。

发展纺织业成了春秋战国时期各国富国强民、发展经济的重要国策，纺织业中的丝织生产也取得了很大发展。

阅读链接

据《周礼》记载，西周初期朝廷对纺织手工业者设置专门机构和官吏进行管理，从纺、织至印染和服饰制造，都有专门的机构和官吏管理，其分工比商代更为细致。

西周设有"典妇功"，是管理丝绸生产的纺织官员，按照规定法式，把材料发给官中妇女，从事纺织，并核定各人工作的成绩优劣。还设有掌管王宫内缝纫之事的"缝人"、负责鉴定丝的质量的典丝、掌染丝帛等事的染人等工匠，以及设有掌葛、掌染草等职。

先秦楚国的丝织和刺绣

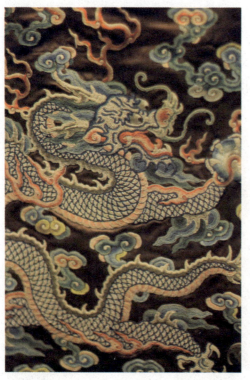

■ 楚国龙纹织锦缎

我国传统的丝织工艺,在世界上独树一帜,并享有盛誉。楚国所出土的丝织品,则为我国上古丝织先进工艺的代表作。

楚国的丝织、刺绣产品,色泽鲜艳,制作精细。两周时期,楚国向朝廷进贡,其中有彩色丝绸和用丝带串着的珍珠,还要用竹筐包装。楚国颇具特色的丝织品,体现了先秦时期纺织技术的最高水平。

春秋时期,随着丝织业的逐渐兴旺发展,丝织品的用途和使用范围日益扩大。贵族大都追求华丽的丝织服饰。

楚庄王所喜爱的马身披文绣,即把刺绣的丝织品披到了马的身上。楚共王时,曾以丝带缀连甲片,称之为"组甲",用以武装其伐吴的精锐部队。楚国生产的丝织品不仅多为楚人所享用,还卖到晋国等地。

战国时代,楚国的丝织业大盛,工艺精湛,所出土的丝织物居全国之冠。

1957年,长沙左家塘楚墓出土的绢、绉纱、锦等丝织品,保存较好,色彩绚丽。

尤其重要的是,1982年发掘的江陵马山楚墓,出土丝织衣物38件,丝绸片452片,既多且精,品种齐全,色泽鲜艳,被誉为"丝绸宝库"。

楚国的丝织品名目繁多,这在屈原和宋玉的辞赋作品中,以及楚墓的遣策上多有记载。就出土实物而言,主要有绢、绨、纱、罗、锦、绦等种类。其中绢的用量最大,用途最广,衣衾、帽、绣底、帛书、帛画多使用绢。

绢、绨、纱都属于平纹丝织,虽然是一种较普通的工艺,但在勇于创新的楚人那里,却不乏独到之处。曾侯乙墓出土的5块丝麻交织物,经线为丝、麻

■ 出土的白绫地彩绣

楚庄王(?—前591),又称荆庄王,出土的战国楚简文写作臧王,汉族,芈姓,熊氏,名侣,一作吕、旅,谥号庄。楚穆王之子,春秋时期楚国最有成就的君主,春秋五霸之一。庄王之前,楚国一直被排除在中原文化之外,庄王自称霸中原之后,不仅使楚国强大,威名远扬,也为华夏的统一、民族精神的形成发挥了一定的作用。

古代龙纹织锦缎

锦 指采用精制过的熟丝线或人造丝线，先染后织而织造出的高级多彩提花丝织物。古代有"织采为文""其价如金"之说，故名为锦。有采用重经组织经丝起花的经锦、采用重纬组织的纬锦、双层组织的双层锦等不同品种。它们的织造方法各不相同，生产工艺要求却都很高。

线相间，纬线全用丝线，开我国丝麻交织物的先河。

罗是一种绞经丝织物，马山楚墓出土的罗为四经绞罗，经纬线均加强捻，网状孔近似六边形，结构复杂，质地轻薄如蝉翼，颇为珍贵。

锦和绦都属于精巧的提花织物，是一种极为华丽的丝织物，最能反映丝织技艺水平。在出土的丝织品中，锦占有重要的地位。

楚锦为平纹重经提花结构。从经线的颜色来看，有二色锦和三色锦两大类，对丝织技艺要求都很高。

二色锦，以两根不同颜色的经线为一组，一根作为里经，一根作为表经起花，两线虽有时相互交换，但不能满足某些图案对色彩的更多需要。

左家塘楚墓出土的褐地双色方格纹锦、马山楚墓出土的小菱形纹锦以及十字菱形纹锦均属于二色锦，前两个品种与后一个品种分别使用了挂经和两色纬线显花的新技术，用以补充某些图案对色彩的更多的需要。

三色锦，以一根做里经，两根做表经起花，加上互相交换，能满足一些图案对色彩的较多需要。三色线的织品比较紧要、厚实，二色锦比三色锦稀疏、轻薄，两类锦各有所用，不可偏废。

绦是衣物装饰性的窄带织物，多为纬线提花，也有与织锦相同而经线提花的。左家塘楚墓出土的朱条暗花对凤龙纹锦、马山楚墓出土的彩条起花凤鸟髡几何纹锦、舞人动物纹锦等构图复杂，用工精致，都属于锦绦等精巧花纹织物的精品。

楚人还有针织绦。长沙五里牌楚墓出土的针织绦，是我国所见年代最早的针织品，表明楚人最早使用了针织工艺。

我国所见最早的一根钢针出土于湖北省荆门包山楚墓。曾为楚国兰陵县令的荀子所作的《针赋》，歌颂钢针功业甚博，其中"日夜合离，以为文章"，讲的就是使用钢针绣制花纹，即所谓"刺绣"。

手工刺绣，没有织机的约束，构图设计比较自由，使用色线不受

古代织锦图

■ 古代刺绣图

限制，刺针走线易于变化，不是织锦胜似织锦。这种丝绣产品比彩锦更为华贵，多为上流社会的奢侈品。

这种刺绣在长沙、江陵、荆门等地的少数楚墓中有所发现，其中马山楚墓中出土的刺绣物品达20余件。

楚人刺绣一般都使用锁绣针法，即用绣线组成各种链式圈套来刺绣花纹图案。这种针法一直流行至汉代。此外，还有钉线绣，即按图案的需要，用细线把粗线钉固在绣地上的一种新针法，比较少见。

江陵望山楚墓出土的石字纹锦绣，把一道道波浪形的深棕色双股绣线钉在锦面石字纹上，采用的就是钉线绣。这是我国所发现的最早使用钉线绣的绣品。同时，这也是难得一见的真正的"锦上添花"，楚简称之为"锦绣"。

楚人的刺绣多佳品。如马山楚墓所出的蟠龙飞凤纹绣衾面，正中是蟠龙飞凤纹绣，左右侧面各有两片

楚国 又称荆、荆楚，中国历史上春秋战国时代的一个诸侯国。楚国国君芈姓熊氏。最早兴起于丹江流域的丹水和淅水交汇的淅川一带，最终在公元前223年亡于秦国。其全盛时的最大辖地大致为现在的湖北、湖南全部、重庆、河南、安徽、江苏、江西、浙江、贵州、广东部分地方。

舞凤逐龙纹绣，紧凑充实，色彩协调，繁富华丽。

三头凤鸟花卉纹绣袍面，凤鸟皆三头，展翅欲飞，花枝招展，神异怪气。龙凤虎纹绣罗单衣衣面，龙腾虎跃、凤鸟飞翔，互相盘绕，绣工精细，色彩艳丽，是一件难得的珍品。

对龙对凤纹绣衾面的花纹由8幅姿态各异的对龙对凤图案做左右对称排列，并以花草纹相连组成，简练生动、色彩典雅，针法纯熟，被誉为绣品中的上乘之作。

楚地丰富的蚕丝资源，为楚地丝织刺绣业的兴旺发达提供了充足的原料，而丝织业的发达又刺激了植桑养蚕业的发展。

湖南省衡东县霞流寺春秋桑蚕纹铜樽，腹部主纹由4片桑叶组成，叶上及周围都是蚕，或在蠕动，或在食桑，形态生动，而樽口所铸众蚕则昂首相对，不食不动，大有不吐不快的意趣。

身为楚国兰陵县令的荀子则作有《蚕赋》，言简意赅，表述了蚕的习性及养蚕经验。这些都从不同角度反映或折射出东周时蚕桑业的兴旺情景。

楚地除蚕桑和丝织业外，麻、葛纺织也很普遍。一般劳动者都穿葛、麻织品所制的衣服。据《孟子》所记，楚人许行及其徒数十人

> **许行** 春秋战国时期的楚国人，生于楚宣王至楚怀王时期，约与孟子同一时代。战国时期著名农学家、思想家。在《孟子·滕文公上》记载有许行其人"为神农之言"，所以被归为农家，后世也将许行视为先秦时代农家的代表人物，但因无著作流传于世，因此，详细思想内容与其他事迹皆不可考。

■ 古代刺绣塑像

为实践其农家理论，都是穿粗麻布衣、戴生绢帽的。

楚玺中有"中织室玺""织室之玺"，应是包括丝织、刺绣在内的官营纺织手工业的专门管理机构的印章。

楚共王初年，楚军东征，鲁国为了同楚讲和，把织工百人送给楚国。这反映了楚文化对其他文化的兼容性，有益于楚国丝织及刺绣工艺的发展和提高。

丝织手工工艺专业性很强，楚国拥有一定数量的专业人才。战国时代有"物勒工名"的习惯，也就是古代的责任追溯制。左家塘楚墓出土的一块锦的边上也墨书有"女五氏"，这些可能是能工巧匠留下的所谓"工名"。

楚国的丝织、刺绣产品不仅波及晋国等地，而且还远传阿尔泰游牧地区。比如在乌拉干河流域的巴泽雷克分别出土了彩色菱纹丝织物及凤鸟花草蔓枝纹样的绣品，与我国境内的江陵、长沙楚墓所出有关纹样图案基本一致。

这是所见的内地远传游牧民族的最早的丝织、刺绣品，也是楚人同远方游牧民族文化交流的实物见证。

"楚绣"是荆楚大地的文化瑰宝，楚国的丝绸织造、刺绣的技艺，代表了我国丝织、刺绣工艺在先秦时期的高超水平。

阅读链接

宠物一般是指为了娱乐或消除孤寂而豢养的动物，古人养的兽类宠物有狗、猫、马、羊、驴、猴、鹿、龟等。养宠物本是为了观赏娱乐，但历史上却有不少玩物丧志的例子。

楚庄王喜爱马，给马穿上锦绣衣服，养在雕梁画栋的房子里，用床给马做卧席，用枣干蜜饯喂养。

后来马得肥胖病死了，楚庄王令大臣给马治丧，依照大夫的礼仪安葬，还下令谁敢劝谏就定死罪。幸在不畏死的伶人优孟婉转说明下，楚庄王才终止了这种荒唐的做法。

中古时期

初显风格

秦汉至隋唐是我国历史上的中古时期。这一时期,随着生产力的发展,纺织工艺和印染工艺都有了极大的进步,并在当时处于世界领先地位。

秦汉时期,彩绘和印花技术水平都有了很大提高,纺织机械也处于世界前列。隋代的织造技术和图案纹样均发生了重大变化。到唐代,丝织和印染工艺及刺绣都有了质的飞跃。

中古时期,我国的印纺工艺风格已初步形成,在我国手工业史上占有重要地位。

秦汉时期的纺织技术

随着农业的发展,秦汉时期的手工业也很快地发展。纺织技术较前代更为发展,各种纺织品的质量和数量都有很大提高。纺织品不仅数量大,而且纺织花色品种也已十分丰富多样。

秦汉时期的纺织机械,在当时世界上处于遥遥领先的地位。我国花本式提花机出现于东汉,又称"花楼",它是我国古代织造技术最高成就的代表,而西方的提花机是从我国传去的,使用时间比我国晚4个世纪。

■ 古代织机模型

■ 古代纺织塑像

秦汉时期，纺织手工业规模都很大，谚语说道"一夫不耕或受之饥，一女不织或受之寒。"

当时的纺织原材料以麻、丝、毛为主，形成了独具特色的丝织工艺、麻织工艺和毛织工艺。此外，这一时期的棉花纺织技术也有一定的发展。

秦汉时期的丝织工艺有了新的发展。由于当时社会生产力的进一步提高，苎麻的栽培和加工技术均有提高。

经过对出土文物的化验证实，当时已用石灰、草木灰等碱性物质来煮炼苎麻，进行化学脱胶。这不仅使纤维分离的更精细，可以纺更细的纱，织更薄的布，而且大大缩短了原来微生物脱胶的周期，提高了生产效率，为苎麻的广泛应用创造了条件。

马王堆汉墓出土的纺织品中，有一部分是麻织物。其中有灰色细麻布、白色细麻布和粗麻布，质

马王堆汉墓 位于湖南省长沙市区东郊4千米处的浏阳河旁的马王堆乡，是西汉初期长沙国丞相利苍的家族墓地，1972年至1974年先后在长沙市区东郊浏阳河旁的马王堆乡挖掘出土3座汉墓。此汉墓为研究西汉初期历史、文化和社会生活等方面，提供了极为重要的实物资料。

地细密柔软,白色细麻洁白如练,灰色细麻布灰浆涂布均匀,布面,平整而又有光泽。

麻织物的原料经鉴定是大麻和苎麻,细麻布的单纤维比较长,强度和韧性也比较好。最细的一块苎麻布,单幅总经数达1734根至1836根,相当于21升—23升布,是我国首次发现的如此精细的麻织物。

这些麻布的色泽和牢度,均和新细麻布一样。由此可见,当时从育种、栽培、沤麻、渍麻、脱胶、漂白、浆碾、防腐以及纺、织等技术,都已达到了相当高的水平。

秦汉时期的丝织工艺由于专业织工们在实践中不断地积累经验,改进技术,所以丝织物从纺、染、绣工艺至花纹设计,都有了空前的提高和发展。

汉代是我国丝绸的繁荣期,我国丝绸史上的很多重大事件都发生在这一时期。如提花机的重大改进,丝绸品种、丝绸纹样的丰富多样,织物上出现吉祥寓意的文字,西北丝绸之路的开通等。

汉时丝织在缯或帛的总称下,有纨、绮、缣、绨、缦、縠、素、练、绫、绢、縠、缟,以及锦、绣、纱、罗、缎等数十种。这说明当时织造技术达到了纯熟的境地。

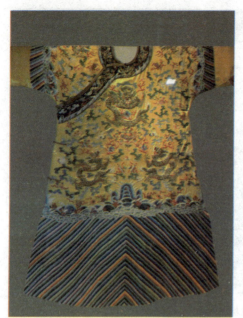

■ 古代丝织品龙袍

丝绸之路 起始于古代我国的政治、经济、文化中心古都长安,连接亚洲、非洲和欧洲的古代陆上商业贸易路线。它沿绿洲和帕米尔高原通过中亚、西亚和北非,最终抵达非洲和欧洲。它也是一条东方与西方之间经济、政治、文化进行交流的主要道路。

特别值得重视的是汉代出现了彩锦，这是一种经线起花的彩色提花织物，不仅花纹生动，而且锦上织绣文字。马王堆西汉大墓出土的丝绸珍品，最能证实汉时丝织的繁荣历史。

马王堆汉墓出土的丝织品数量之大，品种之多，质量之高，都是过去罕见的，仅一号墓内出土的纺织品和服饰品就多达200余种，而且都色彩绚丽、工艺精湛。

包括棉袍、夹袍、单衣、单裙、袜、手套、组带、绣枕、香囊、枕巾、鞋、针衣、镜衣、夹袄、帛画等衣物饰品、起居用品和丝织品。织绣品种包括绢类、方空纱、罗类、绮类、经锦、绒圈锦、绦、组带、金银泥印花纱、印花敷彩纱、刺绣等很多种类。

这些文物尤其反映了汉代丝织品在缫丝、织造、印染、刺绣、图案设计方面达到的高度。通过这些典型的国宝级文物，就可窥见当时精湛的工艺水平和设计思想。

经鉴定，丝织品的丝的质量很好，丝缕均匀，丝面光洁，单丝的投影宽度和截面积同现代的家蚕丝极为相近，表明养蚕方法和缫、练

古代丝织品

■ 古代素纱衣

植绒 我国的传统工艺，其原理是利用电荷同性相斥异性相吸的物理特性，使绒毛带上负电荷，把需要植绒的物体放在零电位或接地条件下，绒毛受到异电位被植物体的吸引，呈垂直状加速飞升到需要植绒的物体表面上，由于被植物体涂有胶粘剂，绒毛就被垂直粘在被植物体上。

蚕丝的工艺已相当进步。

薄如蝉翼的素纱织物，最能反映缫丝技术的先进水平。如一号汉墓出土的素纱禅衣，长1.6米，两袖通长1.91米，领口、袖头都有绢缘，而总重量只有48克，纱的细韧是可想而知的。

这样的丝，如在缫丝工艺、设备、操作各方面没有一定水平，是根本生产不出来的。

秦汉时期，毛纺织业也进入了一个较快的发展时期，出现了各种织毯工艺。

20世纪初，英国人斯坦因在新疆罗布泊地区的汉墓中，发现了西汉时期的打结植绒的地毯残片，这是迄今为止我国出土最早的植绒地毯实物，距今已有2200多年。

在当时，丝绸之路的开通，加速了中原与西域之间的商贸流通。西北民族已掌握了一种用纬纱起花的毛织技术,特别适合用蓬松疏散的毛纱,织造各种有花纹的毛织物。

随着社会生产的发展,毛毯的编织技术也越来越精细。西北优良的毛织品和织造技术通过丝绸之路传入中原地区,逐渐在中原流行。

此外,汉代还把毛织成或擀成毡褥,铺在地上,这是地毯的开端。汉画像石砖中就反映了当时民间室内普遍使用的地毯。

秦汉时期的棉织技术有了发展。

棉花种植最早出现于古代印度河流域,据史料记载,至少在秦汉时期,棉花传入我国福建、广东、四川等地区。

棉布在我国古代称"白叠布"或"帛叠布",原产于我国的西域、滇南和海南等边远地区,秦汉时才逐渐内传到中原。

秦汉时期的海南岛,黎族同胞就以生产广幅布而闻名,这就是棉布。而这一时期的齐鲁大地,是当时我国产棉的中心,当地的民间纯棉手工纺织品一枝独秀,"齐纨鲁缟"号称"冠带衣履天下"。

秦汉时期,纺织

> **缂丝** 将蚕茧抽出蚕丝的工艺概称缂丝。原始的缂丝方法,是将蚕茧浸在热盆汤中,用手抽丝,卷绕于丝筐上。盆、筐就是原始的缂丝器具。长期来,缂丝工具改进缓慢,直至清末,上海地区的缂丝,采用改进后的浙江七里缂丝车,但仍无加捻装置,成丝粗细不均、断头多,直至近代机织的出现。

■ 古代棉布制品

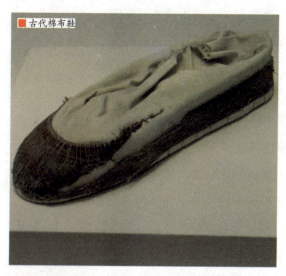
古代棉布鞋

机械主要有手摇纺车、踏板织布机，在织机经过不断改造的基础上，还造出了更为先进的花本式提花机等纺织机械。

手摇纺车是由一个大绳轮和一根插置纱锭的铤子组成，绳轮和铤子分装在木架的两端，以绳带传动。手摇纺车既可加捻，又能合绞，和纺坠相比能大大提高制纱的速度和质量。

纺车自出现以来，一直都是最普及的纺纱机具，即使在近代，一些偏僻的地区仍然把它作为主要的纺纱工具。

踏板织布机，由滕经轴、怀滚、马头、综片、蹑等主要部件和一个适于操作的机台组成。

由于采用了机台和蹑，操作者有了一个比较好的工作条件，可用脚踏提综，腾出手来更快地投梭引纬和打纬，从而提高了织布的速度和质量。

这是织机发展史上的一项重大发明，它将织工的双手从提综动作解脱出来，用以专门从事投梭和打纬，大大提高了生产率。

花本式提花机出现于东汉，又称"花楼"。它是我国古代织造技术最高成就的代表。它用线制花本贮存提花程序，再用衢线牵引经丝开口。

花本是提花机上贮存纹样信息的一套程序，它是由代表经线的脚子线和代表纬线的耳子线根据纹样的要求编织而成的。

明代宋应星的《天工开物》中写道：

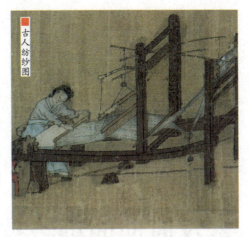
古人纺纱图

> 凡工匠结花本者，心计最精巧。画师先画何等花色于纸上，结本者以丝线随画量度，算计分寸而结成之。

引文的意思是说人们如果想把设计好的图案重现在织物上，得按照图案使成千上万根经线有规律地交互上下提综，几十种结线有次序地横穿排列，做成一整套花纹装置。

花本结好，上机织造。织工和挽花工互相配合，根据花本的变化，一根纬线一根纬线地向前织，就可织出瑰丽的花纹来。花本也是古代纺织工匠的一项重要贡献。

花本式提花机后经丝绸之路传入西方。

阅读链接

据说西汉时钜鹿人陈宝光之妻发明了织花机。

陈宝光之妻曾经在汉宣帝时在大司马霍光家传授蒲桃锦和散花绫的织造技术，她所用的绫锦机有120综120镊，60日成一匹，匹值万钱。

汉代织花机的出现，能够织出五彩缤纷的花纹和薄如蝉翼的舞衣，使纺织技术有了很大提高，也丰富了这一时期的舞蹈艺术。

公元59年，汉明帝率公卿大臣祭天地时所穿的五色新衣，就是织花机织出来的。根据历史记载印证，这一传说反映了东汉时中原地区丝织技术的水平。

秦汉时期的染织技术

秦汉时期，由于生产力的发展，染织工艺有着飞跃的发展。染织工艺的进步是服装质量得以提高的基础。当时人们对服饰日益讲究，着装也渐趋华丽。很多出土文物证明了这一点。

秦汉时期的染料更加丰富，染色工艺已很发达，有一染、再染、蜡染，加深加固颜色等技术。秦汉时期的染织业在战国基础上发展成历史上空前的繁盛期。

彩绘和印花技术也取得了突破性进展，其中凸版印花技术充分反映了我国秦汉时期的印染技艺水平。

■ 西汉时期的绵袍

秦汉时期的染料,无论是植物性染料、动物性染料还是矿物性染料的运用,都取得了很高的成就。

我国古代染色的染料大都是天然矿物或植物染料,且以植物染料为主。古代将原色青、赤、黄、白、黑称为"五色"。将原色混合可以得到间色,也就是多次色。

■ 青色染布

在秦汉时期,将织物染成青、赤、黄、白、黑色,已经有一套成熟的技术。

青色主要是用从蓝草中提取的靛蓝染成的。东汉时期,马蓝已成为我国北方重要的经济作物。在河南省陈留一带有专业性的产蓝区。

东汉末年的学者赵岐,路过陈留,看见山冈上到处种着蓝草,就兴致勃勃地写了一篇《蓝赋》,并在序中说:"余就医偃师,道经陈留,此境人皆以种蓝染为业。"

赤色主要用茜草染红。汉代,大规模种植茜草。当时又从西域传入一种染红色的红花。用茜草染成的红色叫"绛",接近于现代所谓的土耳其红。而用红花染成的红色叫"真红",有"红花颜色掩千花,任是猩猩血未加"之誉。

黄色主要是用栀子来染。栀子的果实含有花酸的

《汉官仪》汉官典职仪式选用,是两汉典章制度汇集。今本两卷,汉应劭撰,成书于东汉末年。因当时战乱不已,旧章湮没,劭便缀集旧闻成是书,并作为朝廷典章制度之参考。内容大体包括:汉官源流、职掌、爵秩、官佚;郊祀、封禅、上陵、籍田礼仪以及舆服、玺绶、刑制、军事等。

■ 红色染布

黄色素，是一种直接染料，染成的黄色微泛红光。在两汉典章制度汇编《汉官仪》中，记有"染园出卮茜，供染御服"，卮即栀，说明当时染最高级的服装也用栀子。

白色可用天然矿物绢云母涂染，但主要是通过漂白的方法取得。漂白是使用化学溶剂将织物从漂染成为白色的过程。漂白生丝只要用强碱脱去丝胶即可。漂白麻，则多用草木灰加石灰反复浸煮。

黑色主要是用栎实、橡实、五倍子、柿叶、冬青叶、栗壳、莲子壳、鼠尾叶、乌桕叶等。这些植物含有单宁酸，和铁相作用后，就会在织物上生成黑色沉淀。这种颜色性质稳定，能够经历日晒和水洗，均不易脱落或很少脱落。

随着生产的发展和生活的需要，人们对植物染料的需要量也不断增加，因而在汉代出现了以种植染草为业的人。

汉代史学家司马迁在《史记·货殖列传》记载："千亩卮茜，千畦姜韭，此其人皆与千户侯等。"说明了当时种植栀茜的盛况。红花传入中原后，也出现了以种红花为业的人。

秦汉时期的矿物颜料主要是朱砂，当时的生产规模日益扩大，逐渐成为普遍采用的颜料。此外还出现

炼丹术 古代道家或道教徒等以金石类矿物为原料，采用化学方法炼制成自以为令人长生不老而实际上有毒"丹"药的技术与方法。炼丹法所制成的药物有外用和内服两种。最初的炼丹者所谓"神丹妙药"，以求"长生不死"，是荒谬的。

了蜡染技术。

马王堆一号汉墓出土的大批彩绘印花丝绸织品中，不少红色花纹都是用朱砂绘制的。如有一件朱红色菱纹罗做的丝锦袍，就是用朱砂染的。

朱砂颗粒研磨得细而均匀，其色泽到今天仍然十分鲜艳，说明西汉时我国劳动人民使用朱砂已有相当高的技术水平。

东汉以后，随着炼丹术的发展，开始人工合成硫化汞，古时称人造的硫化汞为银朱或紫粉霜，以与天然的朱砂区别，它主要是用硫磺和水银在特制的容器里进行升华反应提取。

蜡染技术在我国起源很早，据研究，最迟在秦汉时期，我国西南地区的少数民族就掌握了用蜡防染的特点，利用蜂蜡和虫白蜡作为防染的原料。

蜡染的方法，是先用融化的蜡在白布或绢上绘出各种各样的花纹，然后放到靛蓝染液中去染色，最后用沸水熔掉蜂蜡，布面上就现出了各种各样的白花。

蜡染技术的独到之处，是秦汉时期其他印染方法所代替不了的，因而沿用了1000多年。随着西南地区的少数民族与汉民族之间的文化交流，逐渐传到中原以至全国各地，并且还流传到亚洲各国。

秦汉时期的织造技术主要有彩绘和印花两种形式。汉代织物上的花纹图

蜡染

■ 古代蜡染围腰

案,内容多为祥禽瑞兽、吉祥图形和几何图案,组织复杂,花纹奇丽。

彩绘和印花,从马王堆汉墓中出土很多,归纳起来约为两种:一是彩色套印,一是印花敷彩。

专家认为,两者的共同点是,线条细而均匀,极少有间断现象,用色厚而立体感强,没有渗化污渍之病,花地清晰,全幅印刷。可见当时配料之精,印制技术之高,都达到了十分惊人的程度。

能够充分反映秦汉时期印染技艺水平的是当时占主导地位的凸版印花技术。马王堆汉墓出土的丝绸印花敷彩纱袍和金银泥印花纱,是用凸版印花和彩绘相结合的方法加工而成的,这是我国古代印染工艺的一大进步。

马王堆汉墓出土的彩色套印花纱及多次套染的织物,据分析共有36种色相,其中浸染的颜色品种有29种,涂染的有7种,以绛紫、烟、墨绿、蓝黑和朱红等色染得最为深透均匀。

汉代的染色工艺,从湖南省长沙马王堆以及新疆维吾尔自治区民丰汉墓出土的五光十色的丝、绣、毛类织品来看,虽然在地下埋了2000多年,色彩依旧那么鲜艳,足以反映当时染色工艺的卓越和色彩的丰富

汉武帝(公元前156—前87),汉景帝刘启的第十个儿子。汉朝第五代皇帝,谥号"孝武皇帝",庙号世宗。我国历史上著名的政治家、战略家。他凭借雄才大略、文治武功,使汉朝成为当时世界上最强大的国家,赢得了一个国家前所未有的尊严。

与华美了。

　　1959年我国新疆维吾尔自治区民丰汉墓出土的"延年益寿大宜子孙""万年如意""阳"字锦等，所用的丝线颜色有绛、白、黄、褐、宝蓝、淡蓝、油绿、绛紫、浅橙等。

　　从马王堆一号汉墓出土的各种染色织物，经分析，除上述颜色外，还有大红、翠蓝、湖蓝、蓝、绿、叶绿、紫、茄紫、藕荷、古铜、杏色、纯白等共有20余种色泽，充分反映了当时染色、配色技术的高超。

　　这表明当时我国已有相当完整的浸染、套染和媒染等染色技术。

　　秦汉时期的织染业在战国基础上发展成历史上空前的盛期。因此，当时从长安开始，有一条连接中亚、西亚和欧洲的陆上贸易通道，因主要运销中国的丝织物而称为"丝绸之路"。

　　与此同时，西汉武帝时继续拓展海路贸易，最后终于形成了一条由我国雷州半岛直达印度的海上丝绸之路。

　　我国的养蚕、缫丝、丝织、印染等技术先后传到朝鲜、日本和欧洲。这是我国人民对世界文化和经济做出的重大贡献。

阅读链接

　　秦汉时期，在欧洲人的心目中，中国的名字总是和丝绸联系在一起的，古希腊的《史地书》中以"丝之国""赛里斯"来称誉中国。

　　在当时的欧洲，穿着中国的丝绸成为高尚和时髦的象征。古罗马恺撒大帝曾穿着一件中国的丝绸袍去看戏，在场的人对那异常绚丽而又光彩夺目的皇袍惊羡不已，认为是破天荒的豪华，以至于无心继续看戏。

　　由于辗转争购，使丝绸在西方市场上价格昂贵，也使"丝绸之路"的贸易更加兴旺发达。

魏晋南北朝的印染技术

魏晋南北朝时期的染织工艺，继汉代之后，仍以丝织为主。印染工艺发达，品种多样，刺绣技艺提高，绣像随之产生。同时，还出现了织绣专家。

这一时期的印染品种、纹样、色彩丰富可观，刺绣工艺也得到了发展。许多出土的实物显示，魏晋南北朝时期的印染工艺已经达到了相当高的水平。

■ 古代丝织四大天王

■ 古代染坊

魏晋南北朝时期，我国劳动人民就有种植蓝草方面的经验，北魏农学家贾思勰在《齐民要术》中第一次用文字记载了用蓝草制取靛蓝的方法：

先是"刈蓝倒竖于坑中，下水"，然后用木、石压住，使蓝草全部浸在水里，浸的时间是"热时一宿，冷时两宿"，将浸液过滤，按1.5%的比例加石灰用木棍急速搅动等沉淀以后"澄清泻去水""候如强粥"，则"蓝淀成矣"。

贾思勰还在《齐民要术》中总结了用红花炼取染料的工艺技术。这一技术在隋唐时传到日本。

魏晋时，南京的染黑色技术著称于世，所染的黑色丝绸质量相当高，但一般平民穿不起，大多为有钱人享用。

晋时，在南京秦淮河南有一个地名叫乌衣巷，据说住在乌衣巷的贵族子弟以及军士都穿乌衣，即黑色的绸衣。南京出产的黑绸直至新中国成立以后还驰名中外。

贾思勰 生活于北魏末期和东魏时期。是我国古代杰出的农学家。所著《齐民要术》系统地总结了6世纪以前黄河中下游地区农牧业生产经验、食品的加工与贮藏、野生植物的利用等，对我国古代汉族农学的发展产生有重大影响。《齐民要术》是我国现存的第一部系统的农书。

■ 古人纺织蜡像

当时的丝织物印染尤以蜀锦为首。三国时诸葛亮治蜀，奖励耕织发展蚕桑，以备军需。

魏帝曹丕每得蜀锦，赞叹不已，吴国曾派张温使蜀，蜀国赠锦"五端"，相当于现在的250尺，并遣使携带蜀锦"千端"回访吴国。蜀国的姜维曾以锦、绮、彩绢各20万匹以充军费。由此史实不难得知当时蜀国锦的产量之大。

据清代朱启钤的《丝绣笔记》记载，诸葛亮率兵至大、小铜仁，派人带丝绸深入苗乡，并亲为兄弟民族画图传技。

苗民为了纪念诸葛亮，把织成五彩绒锦称"武侯锦"，锦屏的侗族妇女织的侗锦称"诸葛锦"。蜀锦之花开遍西南，影响深远。

曹魏纺织工艺家马钧革新提花织绫机。原来的织绫机50根经线的50蹑，60根经线的60蹑，控制着经线的分组、上下开合，以便梭子来回穿织。

蹑是踏具。马钧统统将其改成12蹑。经过这样的改进，新织绫机不仅更精致，更简单适用，而且生产效率也比原来提高了四五倍，织出的提花绫锦，花纹图案奇特，花型变化多端，受到了广大丝织工人的欢迎。

新织绫机的诞生，是马钧一生中最早的贡献，它

蜀锦 我国传统工艺美术品，四川省成都市所出产的锦类丝织品，大多以经向彩条为基础起彩，并且彩条添花，其图案繁华、织纹精细，配色典雅，独具一格，是一种具有民族特色和地方风格的多彩织锦。它与南京的云锦、苏州的宋锦、广西的壮锦一起，并称为中国的"四大名锦"。

大大加快了我国古代丝织工业的发展速度,并为我国家庭手工业织布机的发展奠定了基础。

魏提花绸与蜀锦可以并美。

237年,日本使者来访得赠大批纹锦。随后,日本女王专使前来,带回去大批"绛地交龙锦"等,提花及印染技术随之传入日本。

两晋丝织仍以蜀锦著名,城郊村镇,掌握蜀锦编织技巧之家遍布,称为"百室篱房,机杼相和,贝锦斐成,濯色江波"。

十六国时前秦的秦州刺史窦滔之妻苏蕙,是著名染织工艺家,双手织出回文诗句,称"回文锦",造诣卓越,被传为佳话。

南北朝丝织,江南普遍有所发展。刘宋设少府,下有平准令,后改染署,进行专门管理。南齐除蜀锦外,荆州、扬州也是主要产区。北方拓跋设少府后改太府,有司染署,下属京坊、河东、信都三局,有相当规模的生产。

六朝丝织品种、纹样、色彩丰富可观。十六国中的后赵在邺城设有织锦署,锦有大登高、小登高、大光明、小光明、大博山、小博山、大茱萸、小茱萸、大交龙、小交龙、蒲桃纹锦、斑纹锦、凤凰朱

古代制作蜀锦的织机

古代织机

雀锦、韬纹锦、核桃纹锦,以及青、白、黄、绿、紫、蜀绨等,名目之多,不可尽数。

新疆维吾尔自治区吐鲁番民丰出土的实物,发现有东晋、北魏、西魏的锦、绮、缣、绢及印花彩绢等,还有江苏铜山、常熟出土的绫、绢。

这些锦、绮图案织作精细,主要的有两种类型,一是纯几何纹,一是以规则的波状几何纹骨架,形成几何分隔线,配置动植物纹,从而构成样式化。

纹样有的还吸收了不少外来因素,多为平纹经线彩锦,兼有纬线起花,出现了中亚、西亚纹样。比如新疆维吾尔自治区出土的有菱纹锦、龙纹锦、瑞兽锦、狮纹锦、忍冬菱纹锦、忍冬带联珠纹锦、双兽对鸟纹锦、鸟兽树纹锦、树纹锦、化生锦等。

色彩有大红、粉红、绛红、黄、淡黄、浅栗、紫宝蓝、翠蓝、淡蓝、叶绿、白等多种。

如:忍冬菱纹锦,以绛色圆点构成菱形格,菱内置肥大的绛色十字花,花内有细致的朱色忍冬,既带花蕊又自成小花,构成花中有花的样式,色彩简洁明快而不单调。

天王化生锦有狮、象和佛教艺术中化生、莲花等中亚习见的纹样。方格兽纹锦是黄、绿、白、蓝、红五色丝织,在黄、绿等彩条上,织有蓝色犀牛,红线白狮,蓝线白象等纹样。

这些色彩,绵薄色多,提花准确,组织细密,反映了这一时期的时代特色。

绮多为单色斜纹经线显花,纹样繁缛,质地细薄透明,织造技艺进步。

比如,新疆维吾尔自治区出土的龟背纹绮、对鸟纹绮、对兽纹绮、双人对舞纹绮、莲花纹绮、套环贵字纹绮、套环对鸟纹绮等,其中的双人对舞纹绮纹样是圈外环鸟群,4个椭圆形交界空隙处有双人对舞图案。莲花纹绮是在2个椭圆弧线结合处,饰八瓣莲花一朵,新颖别致。

魏晋南北朝时期,毛毯广为应用,编织技术提高。南北朝时,西北民族编织毛毯,用"之"字形打结,底经底纬斜纹组织。这种编织方法便于采用简易机械代替手工操作,从而提高产量。在北朝,帐毡等更广为应用。

魏晋南北朝时期的印染也有所发展。随着纺织的发展,印染工艺

古代丝绸刺绣

■ 彩染暗绿套色印花绢

很有进步，晋朝蜡缬可染出10多种彩色，东晋绞缬已有小簇花样、蝴蝶缬、蜡梅缬、鹿胎缬等多种。紫地白花斑为当时流行色。

其中的绞缬是一种机械防染法，最适于染制简单的点花或条纹。

其方法是先将待染的织物，按预先设计的图案用线钉缝，抽紧后，再用线紧紧结扎成各种式样的小结。浸染后，将线拆去，缚结的那部分就呈现出着色不充分的花纹。

这种花纹，别有风味，每朵花的边界由于受到染液的浸润，很自然地形成由深到浅的色晕。花纹疏大的叫"鹿胎缬"或"玛瑙缬"；花纹细密的叫"鱼子缬"或"龙子缬"。

还有比较简单的小簇花样，如蝴蝶、腊梅、海棠等。

魏晋南北朝时，绞缬染制的织物，多用于妇女的衣着。

在大诗人陶潜的《搜神后记》中记述了一个故事。一个年轻妇女穿着"紫缬襦青裙"，远看就好像梅花斑斑的鹿一样。很显然，这个妇女穿的，就是由鹿胎缬花纹的衣服。

丝织染品有新疆阿斯塔那出土的红色白点绞缬绢、绛色白点绞缬绢是西凉的织染品。

于田出土的夹缬印花绢，是北魏染品，大红地、白色六角形小花，清晰齐整。民丰出土的蓝色冰裂纹绞缬绢，天蓝地白色冰裂纹，形成自然的网状纹样，灵活有韵味。

彩画绢则直接手绘，承传统发展。敦煌莫高窟发现的绿地鸟兽纹彩绸，绿地白纹，弧线划分加平行直线为骨架，其间有鸟兽为主纹，精美而素雅。

至于毛织染品，当时西北地区已开始出现蜡防印染毛织物。

胭脂红地缠枝花毛织品，以缠枝花为主体纹样，构成两种连续、婉转伸延都显示出的柔嫩姿态。花叶经过变形换色而不失自然气息，大块胭脂红为基调，黑色宽线条衬托出白色、绿色相间的花叶，整个画面和谐明丽。

还有紫色呢布、驼色黑方格纹褐、蓝色蜡缬厨、蓝色印花斜纹褐等。

棉织染品有于田出土的蓝印花布。丝、毛、棉织物上都有染色印花，已广为流行。

魏晋南北朝时期，刺绣工艺有显著提高。

三国时，已有著名的织绣工艺家，东吴有吴王赵夫人，巧妙无双，能于指间以彩丝织成龙凤之锦，大则盈尺，小则方寸，宫中号为"机绝"。又于方帛之上绣作五岩列国地形，号为"咸绝"。又以胶续丝作轻幔，号为"丝绝"。此三绝名冠当时。

刺绣用于佛教艺术，绣像技艺高超。其中，敦煌莫高窟发现了北魏的《一佛二菩萨说法图》，上面绣有"太和十一年""广阳王"等字样。绣地是在黄绢上，绢中夹层麻布，用红、黄、绿、紫、蓝等色线。

古代五彩刺绣云肩

供养人 指因信仰某种宗教，通过提供资金、物品或劳力，制作圣像、开凿石窟、修建宗教场所的信徒。他们为了表示虔诚，在宗教绘画或雕像的边角或者侧面画上或雕刻自己和家族、亲眷以及奴婢等人的肖像，这些肖像，称之为供养人像。

绣出的佛像和男女供养人，女子高冠绣服，对襟长衫上满饰桃形"忍冬纹"，边饰"卷草纹""发愿文"及空余衬地全用细密的"锁绣针法"，进行"满地绣"。

横幅花边纹饰为"空地绣"，绣出圆圈纹和龟背纹套叠图案，圈中为4片"忍冬纹"，又与"龟背纹"重叠，圈用蓝、白、黄等色，"忍冬"用黄、蓝、绿等色，"龟背"用紫、白等色。

构成富于变化的几何图案，线条流利，针势走向随各种线条的运转方向变化。使用两色或三色退晕配色法，以增强形象质感效果。《一佛二菩萨说法图》是六朝时代的刺绣珍品。

总之，魏晋南北朝时期的织、染、绩、绣，在汉代基础上，于民族融合的情况下，有了新的发展。从纹样内容到形式色彩以及工艺技巧，都有自己的时代特色和新的风格。

阅读链接

魏晋南北朝时期，由于绞缬染只要家常的缝线就可以随意做出别具一格的花纹，因而应用很广泛。

据说北魏孝明帝时，河南荥阳有一个名叫郑云的人，曾用印有紫色花纹的丝绸400匹向当时的官府行贿，得到一个安州刺史的官衔。

这些行贿的花绸是用镂空版印花法加工制成的。镂空版的制法，是按照设计的图案，在木板或浸过油的硬纸上雕刻镂空而成的。印染时，在镂空的地方涂刷染料或色浆，除去镂空版，花纹便显示出来。

隋代的染织工艺技术

全国的统一，疆土的开拓，交通的畅达，经济的繁荣，中外文化的交流，市场的扩大及科学技术的进步，使隋代的染织工艺空前繁盛，织造技术和图案纹样均发生重大变化。

虽然隋代只维持了短短的20多年，但是它在完成统一事业后，曾出现经济文化繁荣发展的大好局面。其中，隋代丝织品的生产不仅遍及全国，更因其较高的工艺水平，成为对外贸易中的重要产品，远销海外。

■ 隋代的华丽丝绸服饰

■ 隋代时的丝车

隋文帝杨坚结束了长期分裂的局面，重新统一了华夏大地，建立隋政权，定都长安。全国统一以后，社会秩序安定下来，南北的经济、文化得到了交流。

隋朝朝廷继续实行北魏以来的均田制，农民的负担比以前有所减轻，在短短的20多年间，经过人民群众的辛勤劳动，农业生产和手工业都有新的发展。随着京杭大运河的开凿，它对南北经济交流，起了很大的作用。

隋代农业经济的发展，给染织工艺提供了原料等物质基础，促进了染织工艺的提高。纺织业中以丝织业最为有名，丝织品的产量更有了空前的扩大，缫丝技术有很大改进，由原来简单的缫丝框，发展成比较完善的手摇缫丝车。

隋代丝织工艺水平较高，丝织品生产遍及全国，官办作坊成为高级织染品的主要生产部门。

隋文帝时，太府寺统左藏、左尚方、内尚方、右尚方、司染、右藏、黄藏、掌冶、甄官等署，掌握着许多重要的手工业部门。

隋炀帝杨广时，从太府寺分置少府监，由少府监

隋文帝杨坚

（541—604），隋朝开国皇帝，谥号"文皇帝"，庙号高祖，尊号"圣人可汗"。他建立了隋王朝，社会各方面都获得发展，形成了辉煌的"开皇之治"，使我国成为盛世之国。隋文帝时期也是人类历史上农耕文明的巅峰时期。

统左尚、右尚、内尚、司尚、司染、铠甲、弓弩、掌冶等署。后又废铠甲、弓弩两署,并司织、司染为织染署。在一些地方州县和矿产地区,也设有管理官府手工业作坊的机构。隋代的染织多出于染织署,管理制造御用染织品。

隋代丝织品主要产地为今天的河南、河北、山东、江苏、四川等地,所产绫、绢、锦等都很精美。

比如:河南安阳所产绫纹细布,都非常精良,是为贡品;四川成都所产绫锦,也很著名;江苏苏州等地的丝织业也很发达,缂丝、织锦、织绢者颇多;江西南昌妇女勤于纺绩,技术熟练,夜晚浣纱,早晨就能纺织成布,时人谓之"鸡鸣布"。

当时还采用外来的波斯锦的织造技法,织出了质量很高的仿波斯锦。在今安徽、江苏、浙江、江西等地,麻布的产量很大。

随着手工业的发展,当时专门从事手工业的劳动者日益增多。隋炀帝时,朝廷曾在河北一地,招募"工艺户"3000多家。

> **隋炀帝杨广**(569—618),隋文帝杨坚、独孤皇后的次子。隋代第二代皇帝,谥"炀皇帝""愍闵皇帝""世祖明皇帝"。在位期间,修建大运河,营建东都迁都洛阳城,开创科举制度等,是我国历史上有一定影响的皇帝。

> **少府监** 我国古代出现较早,延续时间较长的官职名。历代职掌不一。战国时,始置少府,掌管私人庄园,隋代下属有染织署,管理染织品,唐以后多称少府监,元朝始废。

■ 隋代纺织品

隋代纺织品

隋代的丝织遗物，在新疆维吾尔自治区吐鲁番阿斯塔那古墓曾有出土：联珠小花锦，大红地黄色联珠圈中饰8瓣小花图案，这应是唐代最为盛行的联珠纹锦图案的滥觞；棋局锦，是红白两色相间的方格纹；彩条锦，是用菜绿和淡黄两色织成的彩条纹。

这些锦的图案明快大方，别具一种艺术风格。同时还出土绮多种，有联珠纹套环团花绮，联珠纹套环菱纹绮；另有一种回纹绮，色彩复杂，有紫、绿、大红、茄紫4种颜色，织成回纹图案。

日本法隆寺曾保存了一些隋代的丝织品。其中著名的有《四天王狩猎文锦》，图案以树为中心，配饰4个骑马的胡人做射狮状。这种图案具有波斯工艺的风格，反映了我国与西域文化交流的影响。

法隆寺还有《白地狩猎文锦》《红地双龙文锦》《红地华文锦》《鸾文锦》等。其中的蜀江锦是四川省成都所产的一种丝织品，它的特点是在几何形的图案组织中饰以联珠文，这幅锦以绯色作为主调，具有独特的艺术效果。

此外还有广东锦，日本称为"太子间道"，或称"间道锦"。在红地上织出不规则的波状纹，看来似用染经的方法织造，这是当时我国南方的特产。

隋炀帝时，曾在元宵灯会时将东都洛阳4千米长的御道用锦帐作为戏场，命乐人舞伎身穿锦绣缯帛；又于冬日百花凋谢之季，命宫人用各色绫绮做成树叶花朵，装饰宫内光秃树木；又在南巡扬州时，用无数彩锦作为风帆装饰大型龙舟和马鞍上的障泥。

障泥就是垂于马腹两侧，用于遮挡尘土的东西。唐朝诗人李商隐的《隋宫》曾这样形容：

> 春风举国裁宫锦，半作障泥半作帆。
> 锦帆百幅风力满，连天展尽金芙蓉。

这些诗句除了政治意义外，还客观地描述了隋代丝织品产量之大，制作之精。

在东起长安，经陕西、甘肃、新疆，越帕米尔，经中亚、西亚西到地中海东岸的"丝绸之路"上，发现了大量隋代精美的丝织品。

近年在新疆吐鲁番阿斯塔那古墓均有出土，其中有红白两色相间织成方格纹的《棋局锦》，大红地黄色联珠团花图案的《联珠小花锦》，用菜绿、淡黄两色织成的《彩条锦》，还有

> **李商隐**（约812或813—858），晚唐最出色的诗人之一，和杜牧合称"小李杜"，与温庭筠合称"温李"，因诗文与同时期的段成式、温庭筠风格相近，而且3个人都在家族里排行第十六，故并称为"三十六体"。其诗构思新奇，风格秾丽。作品有《李义山诗集》。

■ 出土的古代锦袍

古代穿着丝绸锦缎的乐女

《联珠孔雀贵字纹锦》《套环对鸟纹绮》等。这些丝织品简洁质朴，别具一格。

由此证明，隋代丝织品的生产不仅遍及全国，更因较高的丝织工艺水平，成为外贸中的重要产品，远销海外。

阅读链接

隋炀帝迁都洛阳后，为了使长江三角洲地区的丰富物资运往洛阳，于603年下令开凿从洛阳经山东临清至河北涿郡长约1000千米的永济渠；又于605年下令开凿洛阳至江苏清江约1000千米长的通济渠；610年开凿江苏镇江至浙江杭州长约400千米的江南运河；同时对邗沟进行了改造。

这样，隋代总共开凿了全长大约2700千米的河道，它们可以直通船舶。

京杭大运河作为南北的交通大动脉，促进了沿岸城市的迅速发展，也为隋代染织工业的发展注入了无限生机。

唐代精美的丝织工艺

唐代是我国古代丝织手工业发展史上一个非常重要的阶段。在这个时期，丝绸生产各个部门的分工更加精细，织品的花式品种更加丰富，丝绸产区更加扩大，织造技术也大为提高。

唐代的丝织品技术高超，工艺成熟，且名目繁多，品种丰富。尤其是绢、绫、罗、绮、锦等纺织品上华丽而又精美的图案，不仅吸收了外来艺术形式，而且继承了民族传统，兼收并蓄，别具风采，反映了我国大唐盛世的繁荣景象。

唐代丝绸

■ 唐代的团花毛毡

江南道 唐代地方行政区名。道，在隋唐属于监察区名称。"安史之乱"后，地方割据兴起，道成为事实上的地方行政机构，并伴随各地节度使，成为藩镇割据的开始。江南道辖境在长江之南，故名，为今浙江、福建、江西、湖南及江苏、安徽、湖北的长江以南、四川东南部、贵州东北部之地。

唐代纺织品有麻、棉、毛、丝几种。麻织品种繁多，多是劳动人民的服用品，有葛布、孔雀布、楚布等多种。

棉织在岭南一带较为发展，有丝棉交织布、白叠布等。毛织产地主要分布在北方及西北一带，生产各式毡子，其中江南道宣州的红线毯非常有名。在所有纺织品中，丝织品最为著名。

唐代丝织品名目繁多，品种丰富，达到前所未有的程度，有绢、绫、罗、绮、锦等。

绢是平织的，没有花纹，用印染等方法进行装饰。

绫是单色的斜纹织物，可以随时改变斜纹的组织以产生花纹，这样织造的方法称为"提花"。

罗是从汉代就流行的一种复杂织法，都是单色半透明的织物，以利用染色的方法进行纹样装饰。

锦是唐代高级丝织品之一，是在汉代发展起来的一种通经断纬的织物，吐鲁番曾出土织成锦条带。唐代武则天时期，曾令制织成及刺绣佛像400幅，分送各寺院及邻国，制作技术已相当成熟，为两宋时期发达的"缂丝"产品打下了基础。

绮的织造方法，是素地起两三枚经斜纹提花。除本色外，有染成红、黄、紫、绿等色。

锦是多色的多重织法，质地厚重。唐代以前的锦称"经锦"，而唐锦的制作，由于技术革新，取得了纬锦的新创造，在三国时马钧改良织机的基础上，突破了单纯经线起花织法，而且还发展到经纬线互相配合起花的新技术。

这样的织法不仅可以织出更为复杂的花纹及宽幅的织物，而且色彩极为华丽，形成唐锦华丽优美的时代风格。

唐代织锦中最华丽的一种是新出现的晕繝锦，它用各种色彩相间排列，构成绚丽缤纷的效果。在新疆维吾尔自治区阿斯塔那出土的一件提花锦裙，用黄、白、绿、粉红、茶褐五色经线织成，再于彩条地上用金黄色的细纬线织出蒂形小团花。

这是考古第一次发现的"锦上添花"锦，精美异常。在同地的墓葬中，又出土了一双云头锦鞋和一双锦袜。鞋里衬内绿、蓝、浅红三色施晕繝，这是目前所知唐代最绚丽的一件晕繝锦。

> **晕繝锦** 原是锦的一种纹样构成形式，图案结构是用规矩的方、圆、几何纹和自然形组织起来，是满地规矩花的一种最精制作。唐代开始生产，称为"大繝锦""晕繝锦"。宋代称"八答晕"。元代称"八搭晕"。后成为这种纹锦的代称。

■ 唐代对鹿纹织锦

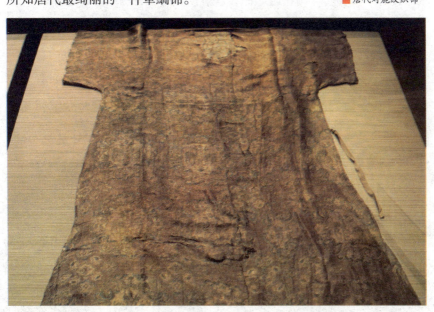

唐代宝花绣韂

唐代大窠宝花锦

唐代,四川仍是丝织品的重要产区,在汉代久负盛名的蜀锦,这一时期有不少珍品问世。

遗存至今的唐代丝织品,早期出土的有《天蓝地牡丹锦》《沉香地瑞鹿团花绸》《茶色地花树对平绸》《宝蓝地小花瑞锦》《银红地鸟含花锦》等多种。后来出土的有《兽头纹锦》《联珠鹿纹锦》《联珠对鸭纹锦》《联珠猪头纹锦》《联珠天马骑士纹锦》《联珠吉字对鸟纹锦》《棋纹锦及花鸟纹锦》《瑞花遍地锦》《龟背纹锦》《花鸟纹锦》等多种。

大量唐代精美的丝织物的出土,反映了唐代织造工艺的高超水平和精湛技艺。

唐代的织锦有很多现在保存在日本正仓院的实物中。比如有一幅唐代《狮子舞锦》,一只狮子在宝相花枝藤中曼舞,在每朵宝相花上面,都站立着载歌载舞的人物,有的打着长鼓,有的弹着琵琶,有的吹着笙笛。花纹的单位足足有一米多长,整幅画面充满着一片欢腾热闹的景象,气魄真是宏伟极了!

日本正仓院还收藏有:用染花经丝织成的"广东锦";用很多小梭子根据花纹颜色的边界,分块盘织而成的"缀锦";利用由深到浅的晕色牵成的彩条经丝,织成晕色花纹的"大䌷锦";利用彩色纬丝显花,并分段变换纬丝彩色的"纬锦";利用经丝显露花纹的"经锦"等。

这些丝织品种的实物，在我国西北古丝路经过的地方也都发现过。

其中广东锦就是现在流行的"印经织物"的前身。缀锦就是我国所说的"缂丝"，日本称它为"缀锦"。用经丝牵成晕色彩条的办法，在现在的纺织生产中也经常运用。

经丝显花的经锦，是汉以来的传统方法。用纬丝显花，分段换色，要不断换梭投纬，织制时比较费事，但纬丝可以比经丝织得更密致。用纬丝显花，花纹就可以织得更加精细，色彩的变换也可以更自由。

因此，纬丝显花和分段变色的方法，在现代的丝织生产中仍然是主要的技艺。

根据目前考古发掘的实物资料证明，唐初就已经生产纬锦了。北京故宫博物院保存着一件从新疆维吾尔自治区吐鲁番阿斯塔那墓出土的《瑞花几何纹纬

> **琵琶** 我国历史悠久的主要弹拨乐器。琵和琶原是两种弹奏手法的名称，琵是右手向前弹，琶是右手向后弹。经历代演奏者的改进，至今形制已经趋于统一，成为六相二十四品的四弦琵琶。琵琶音域广阔、演奏技巧繁多，有丰富的表现力。

■ 唐代丝织品

锦》，这件纬锦的花纹，也是初唐时期中原流行的典型式样，它是用一组蓝色的纬丝织出斜纹组织的地纹，另外用两组纬丝织出花纹。

在织花纹的两组纬丝中，有一组是白色的，专门用来织花纹的边缘部分；还有一组是分段换梭变色的，用来织花心部分，在标本上看到换梭的颜色有大红、湖绿两色。

这件文物标本还保留着17.3厘米长的幅边，从幅边能清楚地看到纬丝回梭形成的圈扣，以及幅边的组织规律。

阿斯塔那出土的唐代丝织品中，还有一件由两组不同色的经线和两组不同色的纬线互相交织成正反两面花纹相同的双面锦。

正反两面的区别仅仅是花纹的颜色和地纹的颜色互相转换，即正面花纹的颜色，在反面恰恰就是地纹的颜色；而正面地纹的颜色，在反面恰恰就是花纹的颜色。

这种双面锦的织法，就是现代"双层平纹变化组织"的织法，它的优点是正反两面都能使用，组织牢固，使用性能高。

穿着丝织品衣服的唐代宫女

唐代黄地对鹿纹锦

唐代的薄纱也织得很好。当时的贵族妇女肩上都披着一条"披帛",大都是用薄纱做成的。另外还有一种用印花薄纱缝制的衣裙,也是当时贵族妇女们很喜爱的服饰。

唐代印花丝绸的花色很多,印花加工除蜡染、夹板印花、木板压印等方法外,还有用镂花纸版刮色浆印花及画花等多种方法。

唐代丝织品的图案纹样丰富多彩,风格独特。其中以花鸟禽兽纹为主要的装饰题材,鸟兽成双,左右对称,鸟语花香,花团锦簇,呈现出一派生机勃勃的春天气息。

在花卉植物类图案中,多纹有盛开的牡丹花、折枝花、宝相花、散点花和卷草纹,形象处理饱满生动。

如吐鲁番出土的花鸟纹锦,以盛开的牡丹花为中心,周围有展翅飞翔的蜂蝶和练鹊,有迎花飞舞的鹦鹉,有宁静的山岳和飘飞的祥云,疏密有致,花鸟争春。锦边配上蓝地花卉两条连续的装饰带,色彩华丽,制作精美,代表了唐锦的工艺水平和装饰特点。

北京故宫博物院收藏的《天蓝地牡丹锦》，主体纹样是一个正面形的8瓣牡丹花，周围用8朵侧面的牡丹花围绕而成。外面一层又装饰了一圈较大的牡丹花，花之间安排小折枝花，构成了极其富丽饱满的大团花图案。

这件作品，在鲜艳夺目的天蓝地色上，花卉用深绿、浅绿、红、粉紫、浅黄等颜色来交错使用，用退晕手法来处理，使作品色彩华丽，主题突出，层次分明，生机盎然。

另一件茶色地《牡丹花对羊绸》，主题纹样是迎着朝霞怒放的牡丹花，在阳光的照耀下，露水珠晶莹闪光。美丽活泼的蝴蝶围绕着牡丹翩翩起舞，两只左右对称的小羊回首互望，一幅恬静优美的画面，表现了春天鸟语花香、粉蝶飞舞的欣欣向荣的景象，这正是盛唐以来工艺装饰的特点。

此外，《瑞鹿牡丹团花绸》也是优秀作品，都和当时花鸟画的发展有着密切的关系。

唐代真丝织锦

联珠团窠纹也是唐锦图案的一类。唐代这类图案的发现较为普遍，成为唐锦的典型纹样。以一圈联珠组成团窠，中间安排鸟兽和花卉图案。图案内容有盘龙、凤凰、麒麟、狮子、天马、仙鹤、莲花、忍冬和宝相花等。纹样规整、连续、对称，以四方连续的组织向四面延续。4个团窠纹之间的空隙，装饰忍冬纹。

据说联珠纹来源于古代波斯，但从我国原始社会的彩陶纹样，商代妇好墓出土的铜镜背面的边饰纹样及西晋的青瓷纹样和隋代的织锦的联珠纹上，均可见到它的形象。说明这种纹样不仅吸收了外来艺术形式而且继承了民族传统，兼收并蓄，别具风采。

唐代联珠团窠纹织锦遗物，在吐鲁番、甘肃省境内都有大量出土。代表作品有《联珠对鸭纹锦》《联珠对天马骑士纹锦》《联珠鹿纹锦》《联珠猪头纹锦》《联珠戴胜鸾纹锦》等，尤其以鹿纹锦和猪头、对鸭纹锦，纹样别致，生动有趣。联珠团窠纹是唐代流行的一种装饰形式。

此外，唐锦纹样还有几何纹，其中有万字、小散点花等。唐锦纹样形象华美、活泼，给后世深远影响。

阅读链接

唐代丝绸有许多新异的图案名目，还有不少特别精美的花式，是上层人物才能享受的精品。

唐太宗在位时，有一个叫窦师伦的人，在四川益州大行台任上，曾创制不少丝绸花式，其中有对雉、斗羊、翔凤、游麟等花样，一直流行了几百年。

因窦师伦受封为"陵阳公"，人们就把那些花样称为"陵阳公样"。

陵阳公样是唐锦中最为精美的一部分。纹样成双成对，图案新颖奇丽，别具一格。一直受到人们的喜爱。

唐代印染与刺绣工艺

　　唐代的印染工艺相当发达，主要有夹缬、蜡缬、绞缬、凸版拓印技术和碱印技术等。刺绣在唐代有了飞跃的发展。唐代的刺绣除了作为服饰用品外，还用于绣作佛经或佛像，针法绝妙，效果甚佳，还反映了当时人们的宗教意识。

唐代宫女刺绣图

唐代的印染业相当发达，出现了一些新的印染工艺，比如凸版拓印工艺等。唐代印染工艺还包括夹缬、蜡缬和绞缬，其中的夹缬工艺起源并鼎盛于唐代，以至于成为当时最普通的染色工艺。

我们知道，在染一件衣服之前，一定要把有油污的地方清洗干净。在煮染的过程中，还要不断搅动，防止一些地方打绞成结。

因为有油污或纽绞成结的地方容易造成染色不均或染不成色，会使得衣服深一块浅一块，花花斑斑，十分难看。

然而，我国古代劳动人民却通过总结这些染色失败的教训，使坏事变好事，创造出独特的印花技术，这就是夹缬、蜡缬和绞缬，我们通常称之为"古代三缬"。现在人们将三者通称为夹染、蜡染、扎染。

夹缬即现代所说的夹染，是一种直接印花法。夹缬是用两块木版，雕镂同样的图案花纹，夹帛而染，印染过后，解开木版，花纹相对，有左右匀整的效果，是比较流行的、最普通的一种印染方式。

日本正仓院迄今还保存着唐代自我国输入的"花树对鹿""花树对鸟"夹缬屏风。

> **拓印** 我国古代印刷术语。将石刻或木刻文字，用纸、墨拓印出来，也可用纸紧覆在物体表面，将其纹理结构打拓在纸上。以便保存和传播的工艺方法。拓印方法也被用于印染，是印染工艺的一种。产生于西汉时期。

■ 唐代着彩染服饰的人物

■ 唐代彩染丝绸

夹缬的工艺种类比较多，有直接印花、碱剂印花，还有防染印花，比较传统的是镂空花版，盛唐时期才采用了筛网印花，也就是筛罗印花。

镂空花版的制作是在纸上镂刻图案，成花版，而后将染料漏印到织物上的印染工艺。用镂空纸花版印刷的花形，一个显著的特点是线条不能首尾相连，留有缺口。

从1966年至1973年吐鲁番出土的一批唐代印染织物的花纹观察，纱织物花纹均为宽2毫米的间歇线条组成，白地印花罗花纹花瓣叶脉的点线互不相连接，呈间歇状，绢织物花纹均为圆点和鸡冠形组成的团花，皆为互不相连的洞孔。

这里出土的茶褐地绿、白两套色印花绢中，第一套白色圈点纹，这些小圆圈除一些因拖浆形成的圆点或圆圈外，凡印花清晰的，其圆圈均不闭合，即圈外有一线连接。这些都是镂空纸花版所特有的现象。

特别是这些小圆圈的直径不过3毫米，圈内圆点直径仅1毫米左右，这绝不是用木版所能雕刻出来的。这种印花版，是用一种特别的纸版镂刻成的。

吐鲁番出土的唐代印染标本表明，至迟在"盛唐"以前，我国丝织印染工人就已经完成了以特别镂空纸花版代替镂空木花版的改革工艺。

盛唐 指唐玄宗在位的开元、天宝年间，大致相当于8世纪上半叶。这时国家统一，经济繁荣，政治开明，文化发达，对外交流频繁，人们充满自信，不仅是唐朝的高峰，也是我国封建社会的鼎盛时期。后来盛唐成为尊颂唐王朝之词。

蜡缬即现代所说的蜡染。它的制作方法和工艺过程是：把白布平贴在木板或桌面上点蜡花。点蜡的方法，是把蜂蜡放在陶瓷碗或金属罐里，用火盆里的木炭灰或糠壳火使蜡熔化，便可以用铜刀蘸蜡作画。

作画的第一步是确定位置。有的地区是照着纸剪的花样确定大轮廓，然后画出各种图案花纹。

另外一些地区则不用花样，只用指甲在白布上勾画出大轮廓，便可以得心应手地画出各种美丽的图案。

浸染的方法，是把画好的蜡片放在蓝靛染缸里，一般每一件需浸泡五六天。第一次浸泡后取出晾干，便得浅蓝色。再放入浸泡数次，便得深蓝色。

如果需要在同一织物上出现深浅两色的图案，便在第一次浸泡后，在浅蓝色上再点绘蜡花浸染，染成以后即现出深浅两种花纹。

当蜡片放进染缸浸染时，有些蜡迹因折叠而损裂，于是便产生天然的裂纹，一般称为冰纹。有时也根据需要做出冰纹。这种冰纹往往会使蜡染图案更加层次丰富，具有自然别致的风味。

蜡染方法在唐代的西南苗、布依等少数民族地区广泛流行。蜡染花布图案生动别致，不仅受到我国人民的喜爱，而且远销国外，颇受

唐代着丝绸的仕女

扎染仿唐女装

欢迎。

日本正仓院藏有唐代《象纹蜡缬屏风》和《羊纹屏风》，纹样十分精美。

绞缬即现代所说的扎染。常见的方法是先将待染的织物根据需要，按一定规格用线缝扎成"十"字形、方格形、条纹等形状，然后染色，染好后晒干，把线结拆去。由于染液不能渗透，形成色地白花，花纹的边缘则产生晕染效果。

还有一种方法是将谷粒包扎在钉扎部分，然后入染，便产生更复杂的花纹变化。

在吐鲁番阿斯塔那古墓出土了唐代的"绞缬裙"，由绛紫、茄紫等色组成菱形网状图案，精巧美观。

绞缬有100多种变化技法，各有特色。如其中的"卷上绞"，晕色丰富，变化自然，趣味无穷。更使人惊奇的是扎结每种花，即使有成千上万朵，染出后都不会出现相同的。

这种独特的艺术效果，是机械印染工艺难以达到的。绞缬产品特别适宜制作妇女的衣裙。

唐代还有凸版拓印技术。特别是在甘肃敦煌出土的唐代用凸版拓印的团窠对禽纹绢，这是自东汉以后隐没了的凸版印花技术的再现。

此外，西汉长沙马王堆出土的印花织物，是用两块凸版套印的灰地银白加金云纹纱。凸版拓印技术发展到唐代，有用凸版拓印的敦煌出土的团窠对禽纹绢，这是这种工艺的实物再现。

唐代碱印技术，是用碱为拔染剂在丝罗织品上印花。它是利用碱对织物的化学作用，经染后而产生不同色彩的花纹。

还有用镂空纸板印成的大簇折枝两色印花罗，是更精美的一种。吐鲁番出土的蜡缬烟色地狩猎纹印花绢，其中骑士搭弓射狮，骏马奔驰，犬兔相逐，周围点缀飞鸟花卉，表现了一派生动紧张的狩猎场面，技艺精湛。

唐代刺绣应用很广，针法也有新的发展。刺绣一般用作服饰用品的装饰，做工精巧，色彩华美，在唐代的文献和诗文中都有所反映。

如李白诗"翡翠黄金缕，绣成歌舞衣"、白居易诗"红楼富家女，金缕刺罗襦"等，都是对刺绣的咏颂。

唐代刺绣的针法，除了运用战国以来传统的辫绣外，还采用了平绣、打点绣、纭裥绣等多种针法。

其中的纭裥绣又称退晕绣，即现代所称的戗针绣，可以表现出具有深浅变化的不同的色阶，使描写的对象色彩富丽堂皇，具有浓厚的装饰效果。

唐代学者苏鹗的《杜阳杂编》记载：唐同昌公主出嫁时，有神丝绣被，上绣

白居易（772—846），唐代伟大的现实主义诗人，我国文学史上负有盛名且影响深远的诗人和文学家。他的诗歌题材广泛，形式多样，语言平易通俗，有"诗魔"和"诗王"之称。代表作有《长恨歌》《琵琶行》等。

■ 唐代的对雁纹刺绣

3000只鸳鸯，并间以杂花异草，其精巧华丽无比。唐玄宗时，为杨贵妃一人进行服饰刺绣的绣工就达700余人。

唐代的刺绣除了作为服饰用品外，还用于绣做佛经和佛像，为宗教服务，用于绣做佛经或佛像。

《杜阳杂编》记载：805年，南海卢眉娘，在尺绢上绣佛经，绣出的字如粟粒般大小，点画分明，细如毫发，堪称一绝。

随着刺绣范围和题材的扩大，绣做佛经或佛像时又发展了很多新针法，有直针、缠针、齐针、套针、平金等新技术，大大丰富了刺绣的表现力。在色彩的使用上，也有很高的成就，在佛像脸部，能表现出颜色晕染的效果。

敦煌发现的《释迦说法图》和日本的劝修寺的《释迦说法图》，都是用切针绣轮廓线，而以短套针绣肉体，表现晕染效果。

从释迦说法的场景，今人可以感受到当时人们所憧憬的庄严净土，也可以看出制作者对绣法有深厚的理解及熟练度。

阅读链接

蜡染是古老的艺术，又是年轻的艺术，现代的艺术，它概括简练的造型，单纯明朗的色彩，夸张变形的装饰纹样，适应了现代生活的需要，适合现代的审美要求。

蜡染图案以写实为基础。艺术语言质朴、天真、粗犷而有力，特别是它的造型不受自然形象细节的约束，进行了大胆的变化和夸张，这种变化和夸张出自天真的想象，含有无穷的魅力。图案纹样十分丰富，有几何形，也有自然形象，一般都来自生活或优美的传说故事，具有浓郁的民族色彩。

锦上添花

近古时期

　　从五代十国至元代是我国历史上的近古时期。经过五代十国的战乱，宋元时期的纺织业取得了长足的发展，很多方面已经达到当时世界纺织业工艺的先进水平。

　　宋代纺织技术丰富多样，印染及刺绣工艺都达到了新的高度。元代回族织金锦纳失失以及撒搭剌欺、苏夫等，在我国乃至世界纺织技术史上都占有重要地位。而以"乌泥泾被"为代表的元代棉纺技艺，将我国的棉纺业推向了一个新的历史阶段。

宋代纺织技术水平

宋代的纺织技术在继承前代尤其是汉唐纺织技术的基础上继续进步，无论是丝绸品种的织物组织与结构，或是丝绸服饰质料品种，都有了重大的发展，达到了高度发展的阶段。

宋代纺织技术丰富多样，纺织工具也很发达，现代织物组织学上所谓"三原组织"，即平纹、斜纹和缎纹至此均已具备。并且将织金、起绒、挖花技术和缎纹组织结合起来，出现了大量的服饰质料新品种，这对现代纺织技术与丝绸服饰质料的进一步发展有着积极意义。

■ 宋代华美的女子服饰

宋太祖赵匡胤结束了五代十国分裂割据的局面，建立了宋王朝，我国纺织工业进入一个新的历史时期。

宋代是我国纺织技术发展的重要时期，纺织业已发展到全国的40多个州。宋代纺织品有棉织品和丝麻织品。丝织品中以罗居多，尤以花罗最有特色，此外还有绫、缎、印花及彩绘丝织品等。

宋代的棉织业得到迅速发展，已取代麻织品而成为大众衣料。浙江省兰溪南宋墓内曾出土一条完整的白色棉毯。棉毯两面拉毛，细密厚暖。毯长2.51米，宽1.15米，经鉴定由木棉纱织成。

棉毯是独幅的，从而证明历史上曾存在"广幅布"和阔幅织机。

■ 宋代女子服饰

从生产形态上看，纺织业在宋代之重大进步，就是机户的大批涌现。所谓机户是指由家庭成员组成的、专以纺织为生的家庭作坊，属小商品生产者范畴。如浙江省金华县，城中居民以织作为生，而且都很富有。更多的机户是在城郊以至乡村地区。

《永乐大典》中有一段关于机户的材料说：南宋孝宗年间有个叫陈泰的人，他原是抚州布商，每年年初，向崇安、乐安、金溪和吉州属县的织户发放生产性贷款，作为其织布本钱。

到夏秋之间去这些地方讨索麻布，以供贩卖。由于生意越做越大，各地有曾小陆等作为代理人，为陈

宋太祖赵匡胤
（927—976），别名香孩儿、赵九重。出生于洛阳夹马营，祖籍河北涿州。军事家，政治家。他结束了五代十国战乱局面，建立宋朝，庙号太祖。他在位期间，以文治国，以武安邦，开创了我国的文治盛世，是推动历史发展的杰出人物之一。

> **黄昇** 字叔旸，号玉林，又号花庵词客，福建人。著有《散花庵词》，编有《绝妙词选》20卷，分上下两部分，上部为《唐宋诸贤绝妙词选》，10卷；下部为《中兴以来绝妙词选》，10卷。附词人小传及评语，为宋人词选之善本。后人统称为《花庵词选》。

泰放钱敛布。仅乐安一地就织布数千匹，为建仓库就花去陈泰500贯钱，有一定规模。

事实上，这种经营方式在淳熙之前就已持续相当时日了，并非偶发事件。

这就是说，布商陈泰的商业资本，通过给织户发放带有定金性质的生产性贷款而进入生产领域，而分散在城镇乡村的细小织户的产品，则先由曾小陆等各地代理商集中起来，再由布商陈泰贩卖到外地而成商品。这种生产形态，是当时情况的真实写照。

宋代丝麻织品出土实物，主要有湖南省衡阳县北宋墓中出土的大量丝麻织物，还有福建省福州南宋黄昇墓中出土的遗物等。

衡阳县北宋墓中出土的共有大小衣物及服饰残片200余件，有袍、袄、衣、裙、鞋、帽、被子等，质地有绫、罗、绢、纱、麻等。

■ 宋代折枝花绞绫单裙

纹样丰富，在花纱、花罗、花绫的纹样装饰上，有大小两种提花织物，小提花织物纹样主要由回纹、菱形纹、锯齿纹、连钱纹、几何纹组成，花纹单位较小，还遗留着汉唐提花织物以细小规矩纹为图案的装饰风格。

大提花织物纹样构图复杂，生动流畅，多以动植物为主题，用缠枝藤花、童子为陪衬，并点缀吉祥文字，与宋代建筑、瓷器和铜镜上的装饰作风极为相似，在纱、罗衣襟残片上，还发现圆扣和麻花形扣眼。

身着宽袍的宋人

这丰富了对北宋时期装饰工艺的认识，为研究北宋时期纺织技术提供了可靠的实物资料。

福州南宋黄昇墓中出土的遗物多达480件，有长袍短衣、裤、裙子、鞋、袜、被衾等，还有大量的丝织品衣物。

集中反映了南宋纺织工业水平和优秀的传统纺织技艺，有平纹组织的纱、绉纱、绢，平纹地起斜纹花的绮，绞经组织的花罗，异向斜纹或变化斜纹组织的花绫和六枚花缎等品种，以罗居多，近200件。绢和绫次之，纱和绉纱数量较少。

罗和绫多是提花，有牡丹、山茶、海棠、百合、月季、菊花、芙蓉等，而牡丹、芙蓉和山茶花最多，往往以牡丹或芙蓉为主体，伴以其他花卉组成繁簇花卉图案。

这种写实题材的表现形式，富有生活气息。绢和纱则为素织。该

宋代官员服饰

墓还首次出土了纹纬松竹梅提花缎。

宋代丝麻织品中的丝绸及织造技术，主要反映在纱、罗、绮、绫、缎、锦这几个种类上，它们集中反映出宋代丝织业的发展及工艺水平。

纱是平纹素织、组织稀疏、方孔透亮的丝织物，具有纤细、方孔、轻盈等特点。

在宋代，南方及江浙地区上贡的纱有素纱、天净纱、暗花纱、粟地纱、茸纱等名贵产品。当时有代表性的轻纱为江西省德安周氏墓出土的黄褐色素纱以及褐色素纱，此边部加密是为了便于织造生产，也是为保持布面的幅度，以利于裁剪成衣，其透孔率较高。

縠是从纱中分化出来的，也称为绉纱，因此具有轻纱的特征，而且在织物表面起皱纹。

绉纱一般都用于袍、衣的面料，南宋的绉在服饰外观上效果尤佳，能很明显地看出绉纱韧性很好，质地细软轻薄，富有弹性，足见其当时织造技术达到了相当高的水平。

罗是质地轻薄、丝缕纤细、经丝互相绞缠后呈椒孔的丝织物。换句话说，凡是应用绞纱组织的织物统称为"罗"。

其实，早在殷商时期就有了利用简单纱罗组织织制的绞纱织物，在唐代官府还专门设立了罗作。后来经过不同时期的发展，在宋代其织造技术已经达到较高的水平，罗更是风靡一时，新品种大量出现，深受宋人青睐。

罗一般分为素罗与花罗：素罗是指经丝起绞的素组织罗，经丝一般弱捻，纬丝无捻，根据其特点分为二经绞罗和四经绞罗两种；花罗是罗地出各种花纹图案的罗织物总称，也叫"提花罗"，花罗有二经绞罗、三经绞罗和四经绞罗3种。

从大量出土的服饰来看，大部分是用绞纱做原料裁制的。如江西德安周氏墓有罗襟如意花纹纱衫，是一种亮地平纹纱，由于其经纬较稀疏，经线纤细，因此具有良好的透明和轻柔的特点，经浮所起花纹若隐若现，明暗相间，风格独特。

此外，在宋墓中出现了大量带有图案花纹的罗，如缠枝牡丹、芍药、山茶、蔷薇罗等。这种花卉的写实题材，不仅生动活泼，而且装饰花纹花回循环较大，更增添了服饰的装饰艺术效果并给人以清新的美感。

这种花罗织造技术较一般提花织物复杂，需要一人坐在花楼上掌

■ 宋代宽袍

> **花楼** 旧时织锦机上张县花本的地方，也是拽花工操作的地方。因其隆起像楼，故名"花楼"。此外，花楼也可以指提花织机上用人力按花纹样稿控制经线起落的部分。

握提花工序，一人在下专司投梭、打纬，两人协同操作，通丝数相应地增加。

由此可见，这种复杂的提花工艺在当时手工织机条件下显得十分费时，也体现了宋代织造提花技术上的杰出成就。

两宋最有名的罗当属婺州和润州的花罗以及常州织罗署出产的云纹罗。

此外，方幅紫罗是当时杭州土产之一，为市民妇女所欢迎，妇女出门时常常以方幅紫罗障蔽半身，俗称"盖头"。

绮是平纹地起斜纹花的提花织物，最早流行于汉代，唐代时绮仍为丝绸服饰质料之佳品，唐代织染署就有专业工场来生产绮。

■ 宋代节日服饰

至宋代，绮仍受欢迎，如出土丝织品中的"吉祥如意"花绮、穿枝杂花绮、菱纹菊花、香色折枝梅纹绮、酱色松竹梅纹绮及球路印金罗襟宝纹绮衫等。

这些绮的总体特点为单色、素地、生织、炼染，使用一组经线和纬丝交织而成，质地松软，光泽柔和，色调匀称。

"米"字纹绮为宋代绮的代表品种之一，江苏省武进宋墓及中"米"字纹，就是采用了由三上一下斜纹和五上一下斜纹组织显花技术，用浮长不等斜纹组织组成的"米"字方格纹绮，质地纹样非常清晰，对比强烈，地暗花明。

绫是斜纹地上起斜纹花的丝织物，其花纹看似冰凌的纹理。因此，在织物表面呈现出叠山形的斜纹形态成为绫的主要特征。

■ 宋代官员礼服

绫是在绮的基础上发展起来的，可见绫的出现比绮要相对晚些。从史籍记载来看，绫在汉代才出现，经过了三国两晋南北朝与隋的大发展，绫盛极一时。

至唐代，绫发展到了新的高峰，当时官服采用不同花纹和规格的绫来制作，以区别等级，致使唐代成为绫织物的全盛时期。

北宋时期也将绫作为官服之用。由于当时朝廷内部大量的需求以及馈赠辽、金、西夏等贵族的绫绢需要，各地设立专门织造作坊，大大推动了绫织物及技术的发展。

如宋墓出土了大量的异向绫，采用地纹与花纹的变化组织结构，摆脱了一般绫织物单向左斜或右斜的

织染署 我国古代的官署名。唐承隋制，置织染署，属少府监。掌织纴组绶、绫锦冠帻，并染锦罗绢布等。宋分置绫锦院与染院，金沿置织染署。元以后废。

■宋代年轻女子服饰

规律，把左斜和右斜对称地结合起来。

由于经向和纬向的浮长基本一致，配置比较得当，因此左右斜纹的纹路清晰可辨，质料手感良好，光泽柔润，别具一种雅朴的风格。可见，织绫技术之精巧。

缎是在绫的基础上发展起来的，是用缎纹组织作地组织的丝织物，它是我国古代最为华丽和最细致的丝织物。南宋临安的织缎，有织金、闪褐、闲道等品种。

用缎织成的织品，一般比平纹组织、斜纹组织的织品显得更为平滑而有光泽，其织物的立体感很强。特别是运用织缎技术将不同颜色的丝线作纬丝时，底色不会显得混浊，使花纹更加清晰美观。

如福州宋墓中的棕黄色地松竹梅纹缎夹衣，虽纬缎组织还不是很规则，但在宋墓中是第一次发现，也证明了缎组织织物的出现。

锦是以彩色的丝线用平纹或斜纹的多重组织的多彩织物。作为豪华贵重的丝帛，其用料上乘，做工精细繁多，因此在古代只有贵人才穿得起它。

锦也成为我国古代丝帛织造技术最高水平的代表。

据文献记载，北宋时出现了40多种彩锦，至南宋时发展到百余种，并且产生了在缎纹底子上再织花纹图案的织锦缎，这就成为名副其实的锦上添花了。苏州宋锦、南京云锦及四川蜀锦等在当时中原地区都极负盛名。

宋锦是在宋代开始盛行的纬三重起花的重纬织锦，是唐代纬起花锦的发展，宋锦往往以用色典雅沉重见长。云锦基本是重纬组织而又兼用唐以前织成的织制方法，用色浓艳厚重，别具一格。

蜀锦提花准确，锦面平整细密，色调淡雅柔和，独具特色。

如出土的茂花闪色锦，经纬组织结构和织制方法都比较奇特，一组组先染色的金黄、黄绿、翠绿等经丝，显出层次丰富的闪色效果。

总之，宋代纺织技术达到了高度发展的阶段。织造技术的丰富，使得丰富多彩的棉麻织品与富丽堂皇的丝织品得到了空前的发展，为宋代服饰的多样化发展提供了条件。

阅读链接

宋代织造工艺技术在花纹图案、组织结构等方面都有所发展。据说，著名的壮锦也起源于宋代。

宋代给官吏分7个等级发给"臣僚袄子锦"作为官服，分为翠毛、宜男、云雁细锦、狮子、练鹊、宝照大花锦及宝照中花锦7种。另外，还有倒仙、球路、柿红龟背等。

如新疆维吾尔自治区阿拉尔出土的一件北宋时代织制的灵鹫双羊纹锦袍，袍上的灵鹫双羊纹样，组织排列带有波斯图案的风格，这也说明宋代东西文化交流的影响结果。

宋代彩印与刺绣工艺

经过隋唐的发展,至宋代,纺织品服饰质料印染技术又达到了新的高度,有凸版印花彩绘和镂空版印花彩绘,使颜料印花工艺日臻完善。与此同时,夹缬与蜡染工艺技术也有新的发展。

宋代是我国手工刺绣臻至高峰的时期,无论是产品质量还是数量均属空前,特别是在它开创纯审美的艺术绣方面,更是独树一帜。

■ 宋代精美服饰

宋代彩印方法之一就是凸版印花。这种印花是在木模或钢模的表面刻出花纹，然后蘸取色浆盖印到织物上的一种古老的印花方法。

模版采用木质的称为木版模型印花。模版上呈阳纹的称凸版印花或凸纹型版颜料印花。

在版面凸起部分涂刷色浆，在已精练和平挺处理的平摊织物上，对准花位，经押印方式施压于织物，就能印得型版所雕之纹样。或将棉织物蒙于版面，就其凸纹处砑光，然后在砑光处涂刷五彩色浆，可以印出各种色彩的印花织物。

■ 宋代精美服饰

这种印花彩绘工艺主要运用于镶在服饰花边条饰上的纹饰，大多采用多种花谱，印绘相结合组成各种花纹图案。它代替了传统手工描绘方法，大大提高了服饰质料生产效率。

已经出土的宋代织衣中，有几件的襟边和袖边运用了凸版印花彩绘工艺技术。

如：球路印金罗襟杂宝纹绮衫，襟边宽6厘米，上有凸版泥金直印的球路印金图案；印金折枝药纹罗衫，襟边宽6厘米，在其上有两套金色花纹，其一为

砑光 也称为"压光"，是一种古老的造纸和染整传统技艺，本意是指古代用卵形、元宝形或弧形的石块碾压或摩擦皮革、布帛、纸张等使其密实而光亮。现代也指用一种轧辊式砑光机碾压、摩擦皮革、布料等，使其表面密实光亮。

凸版泥金直印的杂宝花纹。

罗襟长安竹纹纱衫，襟边宽4.8厘米，上有凸版泥金直印的图案。这几件服饰的襟边以素色为主，袖缘有彩绘技术的应用。

宋代在服饰花边上常运用这一技术。如：在袍的对襟花边里，有印花彩绘百菊花边、印花彩绘鸾凤花边；在单衣、夹衣的对襟花边里，有印花彩绘芙蓉人物花边、印花彩绘山茶花边。

在裙缘的花边里，有印花彩绘飞鹤彩云花边等。在单条花边里，有印花彩绘蝶恋璎珞花边、印花彩绘牡丹凤凰花边等。

镂空版印花彩绘是在平整光洁的硬质木板或硬纸板上，镂雕花纹，然后将花版置于坯料之上，于镂空部分涂刷色浆，移去花版后呈现出所需花纹。印花所用的颜料，用黏合剂调配。

镂空版印花彩绘方法有4种工艺，即植物染料印花、涂料印花、胶印描金印花和洒金印花。其中描金

> **朱克柔**（1139—1152），宋代缂丝工艺家。有《牡丹》《山茶》《莲塘乳鸭图》《桃花画眉》《鹡鸰红蓼》等作品流传至今，既富有画意，又具有深厚的装饰趣味。当时缂丝的生产中心"北有定州，南有松江"，朱克柔是松江工艺的杰出代表。

■ 宋代的四幅两片直裙

和洒金是前所未有的印花工艺，前者是将镂空版纹饰涂上色胶，在织物上印出花纹，配以描金勾边，印花效果更佳。

后者则是将镂空花版上涂上有色彩的胶粘剂印到织物上，待色胶未干时在纹样上洒以金粉，干后抖去多余金粉而成，它和凸版花纹相比，花纹线条较粗犷，色彩较浓，有较强的立体感。

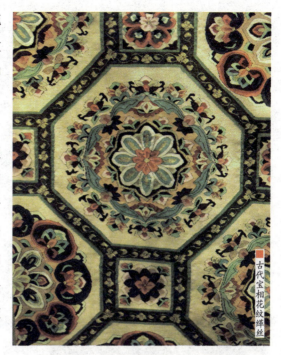

古代宝相花纹缂丝

宋代的缂丝以缂丝工艺家朱克柔的《莲塘乳鸭图》最为精美，是闻名中外的传世珍品。

在江西省南宋周氏墓出土的服饰中，有6件服饰采用了该项印花彩绘工艺技术。其中印花折枝花纹纱裙最具风格特点，其裙面上印有较完整的花纹，分蓝绿色、灰白色及浅淡灰白色3套色，并以镂空版直接印成。

尤其是蓝绿色印制效果最佳，色浆的渗透附着绝佳，呈现出两面印花的良好效果。

周氏墓还有出土的印花绢裙、印金罗襟折枝花纹罗衫、檽蒲印金折枝花纹绫裙、印花襟驼色罗衫、印花罗裙等。

此外，在福州南宋墓出土的镶有绚丽夺目的花边服饰类衣袍中，狮子戏彩球纹样花边是应用镂空版印花与彩绘等工艺的印花制品。

它先用色浆和镂空版印出主要纹样作为轮廓，紧接着在轮廓中依

■ 古代金丝刺绣

宋徽宗（1082—1135），宋朝第八位皇帝，谥号"体神合道骏烈逊功圣文仁德宪慈显孝皇帝"。赵佶自创一种书法字体被后人称之为"瘦金书"。另外，他在书画上的花押是一个类似拉长了的"天"字，据说象征"天下一人"。

次分别用颜料进行彩绘，使花边的纹样既有固定花位，又有接版循环，从而提高了印制效果，大大丰富了服饰花边纹样的设计风格。

宋代是手工刺绣发达臻至高峰的时期，特别是在开创纯审美的画绣方面，更堪称绝后。宋代刺绣工艺已不单单是绣在服饰上，而是从服饰上的花花草草发展到了用来纯欣赏性的刺绣画、刺绣佛经、刺绣佛像等。

宋代设立了文绣院，当时的绣工约300人。

宋徽宗年间又设绣画专科，使绣画分类为山水、楼阁，人物、花鸟，因而名绣工相继辈出，使绘画发展至最高境界，并由实用进而为艺术欣赏，将书画带入手工刺绣之中，形成独特之观赏性绣作。朝廷的提倡，使原有的手工刺绣工艺显著提高。

宋代改良了工具和材料，使用精制钢针和发细丝线，针法极细密，色彩运用淡雅素静。针法在南宋已达十五六种之多。

宋代的刺绣还结合书画艺术，以名人作品为题材，追求绘画趣致和境界。为了能使作品达到书画之传神的意境，人们在绣前需先有计划，绣时需度其形势，趋于精巧。

现在保存的宋代刺绣作品，如《秋葵蛱蝶图》《伦叙图》《老子骑牛像》《雄鹰图》《黄筌画花鸟芙蓉、翠鸟图》《佛说图袈裟》等，在一定程度上代表了宋代刺绣的艺术水准。

《秋葵蛱蝶图》为扇形册页。画面主要以平针绣成，落在花瓣上的蝴蝶黑白相间，淡黄色的秋葵似在摇曳，均以错针铺绣。叶子用从中间向叶尖运针，在于其中勾出叶脉。色调柔和，将绘画笔意表现得淋漓尽致。

《伦叙图》以凤凰、鸳鸯、鹡鸰、莺、鹤飞翔栖息于日、水、芙蓉、竹、梧桐间，暗喻五伦典故。主要用戳纱绣绣成，色线深浅晕染出层次丰富的色调，具有强烈的纹质感和装饰效果。

《老子骑牛像》为米色绫地彩绣，画面多用捻线短针交错绣成。老子五官用填充绣法，凸出绣面，面容具凹凸感；胡须用白色丝

宋代服饰上的精美刺绣

线接针绣成；衣纹则用彩线勾勒，转折分明；牛鼻用打籽点针法；牛毛用细捻丝线表现出牛毛涡旋状，十分逼真；牛尾用双股粗线盘绣，更具质感。

《雄鹰图》为蓝色绫地彩线绣。全幅绣线劈丝极细，绣工精细，能得雄鹰之威猛神态。鹰爪皮肤的粗糙坚实表现，出神入化。鹰身羽毛绣工最精。

《黄筌画花鸟芙蓉、翠鸟图》以黄荃画册原尺寸大小绣制。翠鸟停立芦草，芙蓉盛开。绣法以长短针，依花叶不同翻转和色彩变化交替运针，达到十分逼真的效果。

《佛说图袈裟》有两件。一件以绢为地，画绣结合。江水芦苇为笔绘，达摩为丝线绣制。达摩外衣用黄线绣，内衣用蓝线绣。针法以齐针为主，针线细密。这种画绣结合的技法对后世的顾秀有很大影响。

另一件《佛说图袈裟》是屏风式袈裟，在黄色绢和素色罗合成地上绣成。此片绣件以浅绿色绫为边，中绣月轮中玉兔和桂树。

四周装饰海水、云朵、缠枝番莲、花草等纹样。月轮主体为满绣，其他用平针绣的齐针、接针、盘切针，再加上锁绣中的辫子股和打籽绣，绣线简洁粗放，颇具朴拙之美。

阅读链接

宋徽宗在位时将画家的地位提到在我国历史上最高的位置，成立翰林书画院，即当时的宫廷画院。以画作为科举升官的一种考试方法，每年以诗词作为题目曾刺激出许多新的创意佳话。

如题目为"山中藏古寺"，许多人画深山寺院飞檐，但得第一名的没有画任何房屋，只画了一个和尚在山溪挑水；另题为"踏花归去马蹄香"，得第一名的没有画任何花卉，只画了一人骑马，有蝴蝶飞绕马蹄间，凡此等等。

这些都极大地刺激了中国画意境的发展。

元代回族织金技术

元代回族织金技术，是我国乃至世界纺织史上的重要组成部分。其中的回族织金锦纳失失，是中亚、西亚波斯、阿拉伯等国家织金锦技术与我国织金锦技术高度融合的产物，它精美华贵，显示出典型的民族特色。

此外，元代织品还有其他可观的技术成果，如撒搭剌欺、苏夫等。它们也是元代的重要服饰，有的还达到了世界一流技术水平。

■ 元代织金锦

元代回族纺织技术，是中华民族纺织技术文化与中亚、西亚波斯、阿拉伯等民族纺织技术文化长期交流、融合、发展的产物。

从其制造技术的历史文化渊源来看，一方面它是我国古代纺织技术工匠，对我国纺织技术的继承和对阿拉伯、波斯纺织技术的吸收与发展的结果；另一方面是波斯、阿拉伯的工匠，对阿拉伯、波斯纺织技术的继承和对我国纺织技术的吸收与发展的结果。

■ 元代女子服饰

元代回族纺织主要成就是织金锦纳失失和撒达剌欺、苏夫等。这些成就，在回族纺织历史上具有极为重要的地位，标志着回族纺织技术的形成，为后来明清时期的回族纺织技术中国化奠定了基础。

"纳失失"也称"纳石失""纳赤思""纳失思"，波斯文的音译，是产于中亚、波斯、阿拉伯地区的一种金丝织物，元代也叫"金搭子"，现代学者一般称为"织金锦""绣金锦缎"或"织金锦缎"等。

它主要是将金线或金箔和丝织在一起的新工艺产品。金箔织的叫"片金锦"，金线织的叫"捻金锦"，还有金粉染丝织的叫"软金锦"。

质孙宴 元王朝开国皇帝忽必烈每年巡幸上都时举办的招待宗亲、大臣们所专设的宴席。此宴集蒙古族传统饮食、歌舞、游戏、竞技于一体，场面隆重，消费奢华。赴宴者须穿清一色而华贵的"质孙服"，宴会连开3天，赴宴者要每天换一次与全场衣帽颜色一致的服装。

片金锦是将长条金箔加在丝线中,和彩色棉线作为纹纬显花,丝线作为地纬;捻金锦是以丝线为胎,外加金箔而成的金缕线作为纹纬显花,棉线作为地纬,织造工艺十分精巧,花纹图案,线条流畅,绚丽夺目;软金锦是用丝线染以金粉而成的金线织成。

这几种金锦在织时,通常用金线、纹线、地纬等3组纬线组成,称地结类组织,也常有加特结经的情况,金线显花处有变化平纹、变化斜纹。

用长条或片金箔加织在丝线中而成的锦,金光灿烂,风采夺目,十分高贵。用捻金线和丝线交织而成的锦,色泽虽淡,但坚固耐用,深受蒙古王公、贵族的欢迎。

因此,蒙古王公、贵族们在参加蒙古盛行的"质孙宴"时,都要穿皇帝赐给的用"纳失失"做成的高贵衣服。

元代回族纳失失的最主要的技术,是把中亚、西亚的特结经技术发挥到了极致。因而织成的纳失失织金锦,既具有浓郁的中亚风格,又渗入了我国传统的图案题材。

如在内蒙古达茂旗明水乡出土的异文织锦,是一件极为罕见的平纹纬二重组织织物。图案呈横条

元代贵族服饰

元代官员服饰

状,黄地紫色勾边,主花纹处只有夹经,是第三纬没有织入的平纹纬二重组织织物。

这件织金锦的图案非常罕见,其主花带是有直线和曲线连成的以圆形为主的几何花纹,还是一种无法解释的阿拉伯文的变体,不能确定。

元代纳失失有两大类。一是由波斯、阿拉伯织造的具有波斯、阿拉伯文化特色的纳失失;二是由波斯、阿拉伯等西域织金工匠和我国织金工匠一起,在我国织造的中国式纳失失。

中国式纳失失将我国草原特色服饰文化与波斯、阿拉伯伊斯兰特色文化精髓融合,是元代最精美高贵的织金锦,体现了当时世界的最高水平,因而也成为元代皇帝给上层贵族、硕勋官员、侍卫乐工赐造服饰的特定质料。

元代以纳失失制作的服饰种类较多,主要有朝服、祭服和质孙服。其中质孙服是皇帝特赐的专用服,最有特色,用量也最大。

元代质孙宴,既是元代回族织金锦织造技术和纳失失服饰文化的体现,也是大元王朝宴飨之礼最高规格的体现,是元代皇亲国戚、硕勋功臣富贵象征的映射。凡是无皇帝赐赏纳失失服的人,是没有资格参加质孙宴的。

元代规定：天子质孙冬服有11等，第一为纳失失；质孙夏服有15等，第一为答纳都纳失失，第二为速不都纳失失；百官质孙冬服9等，第一为大红纳失失；质孙夏服14等，第一为素纳失失，第二为聚线宝里纳失失。

天子、官员在穿质孙服时，衣、帽、腰带是配套的，同时衣、帽、腰带上都装饰有珠翠宝石。

因此，天子服冬服纳失失时，戴金锦暖帽，穿夏服答纳都纳失失时，戴宝顶金凤钹笠冠，穿速不都纳失失和其他纳失失时，则戴珠子卷云冠。这些穿戴，证明元代纳失失服饰确实具有高超的工艺水平。

元代欢庆各种节日的宴会，每年举行13次，因此每个怯薛在不同的节日，不同的时间，穿不同的纳失失服。这些美丽的服饰，把宴会装扮得灿烂庄严，富丽辉煌。

质孙宴上各方诸侯还要向皇帝进献贵重之礼。入贡的装饰富丽的白马10余万匹，身披甚美锦衣，背负金藻美匣，内装金银、玉器，精美甲胄的大象5000余头。身披锦衣的无数骆驼，负载日用之需，列行于大汗之前，构成世界最美的奇观。

由上可知，以元代回族织金锦纳失失制成的服饰十分精美、

二重组织 由一个系统的经纱和表、里两个系统的纬纱或者由一个系统的纬纱和表、里两个系统的经纱相交织，使两个系统的纱线在织物中重叠配置的织物组织。用二重组织织成的织物，具有良好的保暖性。二重组织有经二重组织和纬二重组织之分。

■ 元代缠枝牡丹绫背袍

■ 着元代服饰的官吏蜡像

高贵,是皇帝御赐参加质孙宴的特定服装。因此,它集中体现了我国元代织金锦织造技术与制服技术,在我国织金锦服饰文化发展史上具有特殊的意义。

元代回族织金锦纳失失,除制成精美高贵的质孙宴服饰外,还制成与之配套的精美高贵帽子、腰带,有的还用来装饰车马和玉玺绶带外,同时还制有精美的锦帐。

比如成吉思汗行猎时,规模宏大,以纳失失装饰的织金锦帐,富丽堂皇,精美迷人,有上万个,其中供官员朝会的织金大帐能容万人。别儿哥、旭烈兀的金锦幕帐富丽无比,后无来者。脱脱、纳海金锦美丽幕帐无数,俨若富强国王的营垒。

这些精美华丽的金帐,与蓝天、白云、草原、牛羊、人群、马队,组成天地间最美丽的图画,也是天、地、人最优美的交响曲,由此也衍生出了闻名于世的"金帐汗国"。

元代回族织金锦纳失失织造技术,首先是在我国唐、宋金织金锦技术的基础上发展起来的,是我国织金锦发展史上最具独特风格的灿烂篇章,也是我国大元盛世政治、经济、文化的直接表现形式和中华悠久

成吉思汗
(1162—1227),即孛儿只斤·铁木真,蒙古族。蒙古帝国可汗,谥号"圣武皇帝""法天启运圣武皇帝",庙号太祖,尊号"成吉思汗"。他是世界历史上杰出的政治家、军事家。建立了蒙古帝国,灭花剌子模。被称为"一代天骄"。

历史文明直接孕育的结晶之一。

其次，元代回族织金锦纳失失，也是波斯、阿拉伯织金锦技术与伊斯兰文化的直接产物，如果没有中亚、西亚信仰伊斯兰教的织金绮纹工参加，没有中亚、西亚浓郁的民族特色文化的传入，如果没有中亚、西亚大量的信仰伊斯兰教的人移入，就不会有元代回族织金锦"纳失失"的灿烂辉煌。

因此，才使元代回族织金锦纳失失，在中外织金锦技术与文化交流史上占有特殊的地位，产生了重大的历史影响。

元代回族除了织金锦纳失失，还有其他可观的纺织品及其制造技术成果。如撒搭剌欺、苏夫、毛里新、纳克、速夫等。

"撒搭剌欺"是中亚不花剌以北的撒搭剌地方出产的一种衣料。"不花剌"今译布哈拉，属乌兹别克斯坦。

根据《世界征服者史》记载，我们可以肯定，撒搭剌欺是一种具有明显地方特色的棉布料或不带织金的丝织品，其价值与其他的棉织品差不多，是仅次于织金锦纳失失的一种高级衣料。

成吉思汗时，中亚商人贩运织金料子、棉织品、撒搭剌

回族 我国少数民族中散居全国、分布最广的民族。约在公元651年，伊斯兰教由阿拉伯商人正式传入我国。元明时期，各种不同来源的回回开始形成一个民族。公元13世纪，蒙古军队西征，西域人大批迁入我国，吸收汉、蒙古、维吾尔等民族成分，逐渐形成了一个统一的民族——回族。

■ 元代皮衣

欺及其他种种商品，前来贸易，成吉思汗给每件织金料子付一个当时的金巴里失，每两件棉织品和撒搭剌欺付一个银巴里失。巴里失是成吉思汗时代蒙古的货币单位，一巴里失大概折合二两银币。

在当时，忽毡的撒搭剌欺与波斯的纳失失有质的区别，但两种都是中亚丝棉织造技术的精品。忽毡的撒搭剌欺制造技术传入元代时，元代朝廷十分重视，改组人匠提举司为撒搭剌欺提举司，专门负责此项事宜。

成吉思汗攻占中亚、西亚的主要城市后，把大量织造纳失失、撒搭剌欺的工匠移入我国。

从此，波斯纳失失的织金技术，不花剌撒搭剌欺的丝织技术不断传入我国，并与我国的丝织技术相结合，生产出更加高雅、名贵、富丽的纳失失、撒搭剌欺，以及长安竹、天下乐、雕团、宜男、宝界地、方胜、狮团、象眼、八答韵、铁梗襄、荷花等十样锦。

这些织物，印染之工，织造之精，刺绣之美都达到了极致。从而使元代纺织业的织金棉技术不仅远远超过了唐宋，而且远远超过了中亚、西亚等地，居世界一流水平。

元代刺绣夹衫

速夫、毛里新、纳克、速夫等均是毛织品,其制造技术也来自中亚,其中速夫最有名。

"速夫"本是波斯的音译,也有人译为"苏非",原指波斯人穿的一种羊毛织成的长毛呢。速夫传入我国后,也深受蒙古王公贵族的极度欢迎,也是王公贵族参加宴会时,穿的一种仅次于纳失失的重要服饰。

元代为了大量生产速夫,在河西等地设置织造毛段匠提举司,负责织造速夫等精毛产品。

着毛织品的元代官吏蜡像

阅读链接

元代王公贵族的每次宴会,赴宴者的服装从皇帝到卫士、乐工,都是同样的颜色,但粗精、形制有严格的等级之别。

据说,在选举窝阔台长子贵由继汗位的宴会期间,所有的蒙古贵族,第一天,都穿白天鹅绒的衣服;第二天,穿红天鹅绒的衣服;第三天,穿蓝天鹅绒的衣服;第四天,穿最好织锦衣服。

在宴会上,除皇帝、宗室、贵戚、大臣等穿纳失失外,皇帝的卫士、乐工、仪仗队也穿不同等级和制式的纳失失服饰。

元代乌泥泾棉纺技艺

乌泥泾手工棉纺织技艺,源于黄道婆自崖州带回的纺织技艺。元代劳动妇女黄道婆,把在崖州学到的纺织技术带回故乡并进行改革,提高了纺纱效率,也使棉布成为广大人民普遍使用的衣料。

黄道婆对棉纺织工具进行了全面的改革,制造了新的擀、弹、纺、织等工具,刷新了棉纺业的旧面貌,促进了元代棉纺织业的发展。黄道婆对纺织业的贡献为后世所赞誉。

■ 黄道婆纺织蜡像

元代乌泥泾棉纺技艺，是通过黄道婆的推广和传授，在乌泥泾形成的织被方法。当时的"乌泥泾被"工艺精湛，广泛受到人们的喜爱。

黄道婆的辛勤劳动对推动当地棉纺织业的迅速发展，乌泥泾所在地松江一带，也成了元代全国的棉织业中心。

黄道婆是元代松江府乌泥泾镇人，出生于贫苦农民家庭，在生活的重压下，十二三岁就给富贵人家当童养媳。白天她下地干活，晚上纺纱织布到深夜，还要遭受公婆、丈夫的非人虐待。沉重的苦难摧残着她的身体，也磨炼了她的意志。

黄道婆纺线蜡像

有一次，黄道婆被公婆、丈夫一顿毒打后，又被关在柴房不准吃饭，也不准睡觉。她再也忍受不住这种非人的折磨，决心逃出去另寻生路。

半夜，她在房顶上掏洞逃了出来，躲在一条停泊在黄浦江边的海船上。后来就随船到了海南岛的崖州，就是现在的海南省崖县。

在封建社会，一个从未出过远门的年轻妇女只身流落异乡，人生地疏，无依无靠，面临的困难可想而知。但是淳朴热情的黎族同胞十分同情黄道婆的不幸遭遇，接受了她，让她有了安身之所，并且在共同的劳动生活中，还把本民族的纺织技术毫无保留地传授给她。

当时黎族人民生产的黎单、黎幕等闻名海内外，棉纺织技术比较先进。黎单是一种用作卧具的杂色织品，黎饰是一种可做幛幕的精致

■ 黄道婆向黎族同胞学习纺织铜像

纺织品。

黄道婆聪明勤奋，虚心向黎族同胞学习纺织技术，并且融合黎汉两族人民的纺织技术的长处，逐渐成为一个出色的纺织能手，在当地大受欢迎，和黎族人民结下了深厚的情谊。

元仁宗年间，黄道婆从崖州返回故乡，回到了乌泥泾。当时，我国的植棉业已经在长江流域普及，但纺织技术仍然很落后。松江一带使用的都是旧式单锭手摇纺车，功效很低，要三四个人纺纱才能供上一架织布机的需要。

黄道婆看到家乡棉花纺织的现状，决心致力于改革家乡落后的棉纺织生产工具。她跟木工师傅一起，

原棉 我国纺织行业的用语。原棉也称"皮棉"，纺纱原料。籽棉经过轧棉使纤维与棉籽分离，轧下纤维可用作纺纱原料的，称为原棉。

经过反复试验，把用于纺麻的脚踏纺车改成三锭棉纺车，使纺纱效率一下子提高了两三倍，而且操作也很省力。

这种新式纺车很容易被大家接受，在松江一带很快地推广开来。

在黄道婆之前，脱棉籽是棉纺织进程中的一道难关。棉籽粘生于棉桃内部，很不好剥。

13世纪后期以前，脱棉籽有的地方用手推铁棍碾去，有的地方直接用手剥去籽，效率相当低，以致原棉常常积压在脱棉籽这道工序上。黄道婆推广了轧棉的搅车之后，工效大为提高。

黄道婆除了在改革棉纺工具方面作出重要贡献以外，她还把从黎族人民那里学来的织造技术，结合自己的实践经验，总结成一套比较先进的"错纱、配色、综线、絜花"等织造技术，热心地向人们传授。

黄道婆在棉纺织工艺上的贡献，总结起来主要体现在捍、弹、纺、织几个方面：

捍的工艺，废除了用手剥棉籽的原始方法，改用搅车，进入了半机械化作业。

弹的工艺，废除了此前效率很低的1.5尺长弹棉弓，改用4尺长装绳弦的大弹弓，敲击振幅大，强劲有力。

元仁宗（1285—1320），李儿只斤·爱育黎拔力八达，元朝第四位皇帝，蒙古帝国可汗，元武宗弟，元武宗封他为皇太弟，相约兄终弟及，叔侄相传。于武宗死时嗣位，年号皇庆和延祐。在位期间，减裁冗员，整顿朝政，推行"以儒治国"政策。在位9年，庙号仁宗，谥号圣文钦孝皇帝，号"普颜笃可汗"。

■ 黄道婆的纺织工具

■ 黄道婆发明的纺织工具

王祯（1271—1368），字伯善，元代东平（今山东东平）人。元代农学、农业机械学家。著成《王祯农书》或《农书》，全面系统地论述了广义的农业，对南北农业的异同进行了分析和比较，有比较完备的《农器图谱》，在《百谷谱》中还有对植物性状的描述。

纺的工艺，改革单锭手摇纺车为三锭脚踏棉纺车，生产效率大大提高。

织的工艺，发展了棉织的提花方法，能够织造出呈现各种花纹图案的棉布。

我国元代农学家、农业机械学家王祯在他的《农书》中记载了当时的棉纺织工具。其中有手摇两轴轧挤棉籽的搅车，有竹身绳弦的4尺多长的弹弓，有同时可纺三锭的脚踏纺车，有同时可绕8个棉纱的手摇纺车等。

这些工具的制作和运用，说明黄道婆在提花技术方面已能熟练地使用花楼。

黄道婆在实践中改进了捍、弹、纺、织手工棉纺织技术和工具，形成了由碾籽、弹花、纺纱到织布最先进的手工棉纺织技术的工序。从此，她的家乡松江一跃而为全国最大的棉纺织中心。

当时乌泥泾出产的被、褥、带、帨等棉织物，上有折枝、团凤、棋局、字样等各种美丽的图案，鲜艳如画。一时间，"乌泥泾被"不胫而走，附近上海、太仓等地竞相仿效。这些纺织品远销各地，很受欢迎，历几百年久而不衰。

乌泥泾的印染技艺也很著名。当地出产的扣布、稀布、标布、丁娘子布、高丽布、斜纹布、斗布、紫花布、刮成布、踏光布等，还有印染的云青布、毛宝蓝、灰色布、彩印花布、蓝印花布等，都和"乌泥泾被"一样享有盛誉。

棉花种植的推广和棉纺织技术的改进是13至14世纪我国经济生活中的一件大事。它是当时社会生产力发展的一个标记，改变了我国广大人口衣着的物质内容，改变了我国农村家庭手工业的物质内容。

黄道婆的棉纺织技艺改变了上千年来以丝、麻为主要衣料的传统，改变了江南的经济结构，催生出一个新兴的棉纺织产业，江南地区的生活风俗和传统婚娶习俗也因之有所改变。

这件事对14世纪以后我国社会经济的发展和变

> **松江** 上海历史文化的发祥地。松江古称华亭，别称有云间、茸城、谷水等，是江南著名的鱼米之乡。松江历史悠久，自古经济发达，文化兴盛，人才荟萃。据考古发现，距今约6000年，先民们就在九峰一带劳动生息，创造了崧泽型和良渚型等古文化。元代时成为当时全国最大的棉纺织中心。

■ 乌泥泾花布服饰

黄道婆教民纺织蜡像

化具有重大的影响，乌泥泾手工棉纺织技艺是我国纺织技术的核心内容之一。黄道婆及手工棉纺织技术，是不断发展中的我国纺织技术的一个缩影。不仅体现汉、黎两族的劳动智慧结晶，而且促进了各民族之间的交往。

阅读链接

在黄道婆的故乡上海县华泾镇北面的东湾村，有一座黄道婆墓。始建于元代，几度沧桑。

1957年，由上海市人民政府修复，并立碑，碑正面题"元代纺织家黄道婆之墓"，反面墓志详述其一生事迹。

在黄道婆的故乡的一座黄母祠里，有一尊黄道婆的塑像：一位辛劳而慈祥的农村妇女，手持棉花，头扎布巾，凝视端坐，朴素而又庄重。

那一带的民谣唱道："黄婆婆，黄婆婆！教我纱，教我布，两只筒子两匹布。"

近世时期

锦绣时代

明清两代是我国历史上的近世时期。这一时期,我国的印纺业有了长足发展,取得了令人瞩目的成绩。

明代织染工艺从技术到工具都达到了新的高度,清代丝织品云锦、棉纺品紫花布和毛纺品氆氇都驰名中外。

而被称为"中国四大名绣"的苏绣、湘绣、粤绣、蜀绣以其本身所具有的鲜明艺术特色,向世人显示出我国刺绣工艺独特的魅力,享誉海内外。

明代纺织印染工艺

明代的纺织业,无论是纺织工具还是纺织技术都达到新的高度,织物的品种较之元代更加丰富,涌现出许多色彩和图案独具特色的极具审美价值的产品。

明代的染织工艺,除了传统的丝、麻、毛等染原料仍被广泛应用外,棉花的生产和织造,在这时期已经取得了代替丝、麻的地位,成为人们服饰的主要染织品。

■ 穿着各种服饰的明代人

明代纺织品种极为丰富，包括丝、麻、毛、棉几种，其中尤其以丝织工艺最高。

明代丝织品中的锦缎，纹样一般单纯明快，气魄豪放，色彩饱满，讲究对比。江浙一带出产的明锦，以缎地起花，质地较厚，图案花头大，造型饱满苍壮，故名"大锦"；其色彩瑰丽多姿，对比强烈，尤多使用金线，辉煌灿烂犹如天空之云霞，故又称"云锦"。

江浙出产的明锦是明朝宫廷的专用织品，多用于制作帐幔、铺垫、服装和装裱等。其中，以织金缎和妆花缎最为名贵。

织金缎是从元代的"纳失失"发展而来的。它的图案设计花满地少，花纹全用金线织就，充分利用金线材料达到显金的效果。

妆花缎为明初新创，它将一般通梭织彩改成分段换色，以各色彩纬用"通经断纬"的方法在缎地上妆花。它是明代织造工艺中最为复杂的品种，特点是用色多，可以无限制地配色，一件织物可以织出10种乃至二三十种颜色。

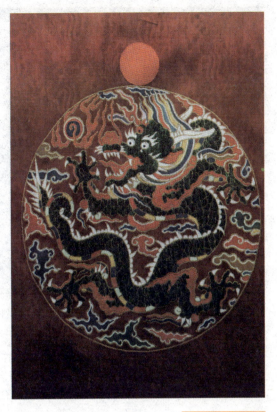

■ 明代罗袍

通经断纬 一般以生丝做经线，熟丝做纬线。缂丝之高贵，首先因其耗费工时巨大，以万缕千丝成其工巧。其次，缂技易学难精，需要纯熟的工艺技巧和相当的书画艺术修养，许多缂丝书画具有很高的艺术鉴赏价值。

■ 明代汉服

妆花 织锦中云锦的品种之一。明代妆花织物的纹饰图案多选取寓意吉祥如意的花卉、翎毛、鱼虫、走兽、祥云、八仙、八宝等；色彩以红、黄、蓝、白、黑、绿、紫等为基本色，并用晕色法配色，色调浓艳鲜亮，绚丽而协调。

而图案的主体花纹又往往是通过两个层次或三个层次的颜色来表现，色彩的变化十分丰富，非常精美富丽，艺术性也最高。

明代苏州产的锦缎是在唐代纬锦织造技术的基础上发展起来的，是一种纬三重起花的重纬织锦。它质地薄，花纹细，多仿宋锦图案和宋代建筑的彩绘图案，用色古雅，故称"宋式锦"。

主要图案是在几何纹骨架中添加各种团花或折枝小花，花头较小，故又称"小锦"。这种锦缎图案古朴规整，色彩柔和文雅，常用于装潢书画，故又有"匣饰"之称。

明代在福州出现一种丝织品，名为"改机"。它将原先与苏州相同的两层锦改为四层经线、两层纬线的平纹提花织物。

这种织物不仅质薄柔软，色彩沉稳淡雅，而且两面花纹相同。它有妆花、织金、两色、闪色等各种品种，多用来做衣服与书画的装潢。

绒是指表面带有毛绒的一类丝织物。明代已有织绒、妆花绒、缂丝绒、漳绒等品类。

其中妆花绒又名"漳缎"，原产于福建省漳州，它以贡缎的织物作地，多为杏黄、蓝、紫色，而以妆花锦的图案起绒，绒花则多为黑色、蓝色。漳绒又名"天鹅绒"，明代大量生产，有暗花、五彩、金地等各种品种，常用来做炕毯和垫子。

明代缂丝技术有了进一步发展，不仅大量采用金线和孔雀羽毛，而且出现了双子母经缂丝法，可以随织者的意图安排画面的粗细疏密，也可以随题材内容的不同而变换织法，使织物更加层次分明，疏密有致，而富于装饰性。

缂丝的应用范围也更加广泛，除去传统的画轴、书法、册页、卷首、佛像、裱首之外，袍服、幛幔、

双子母经缂丝法 即用一根纬线在两根经线上缠绕，其特点是在织造时可以随作者的意图安排画面的粗细疏密，也可以随题材内容的不同而变换织法，采用这种技法，能使缂丝制品更加层次分明，疏密均匀而富于装饰性。

■ 明代祝寿图妆花缎

■明代贵族服饰

椅披、桌围、挂屏、坐垫、装裱书画等也无不采用,并出现了一些前所未见的巨幅制作。

如《瑶池集庆》图高达2.6米,宽2.05米;《赵昌花卉》图卷也长达2.44米,宽0.44米。

明锦纹样丰富多彩。内容有4类:云龙凤鹤类、花鸟草介类、吉祥博古类、几何文字纹类。

云龙凤鹤类比重大、变化多。云纹有四合云、如意形组合,七巧云、鱼形云兼水波变化,还有树形云、花形云等。

龙纹由牛头猫耳、虾目、狮鼻、驴口、蛇身、鹰爪、鱼尾等构成,有云龙、行龙、团龙、坐龙、升龙、降龙等;凤纹有云凤、翔凤、丹凤朝阳、凤穿花枝等;鹤纹有云鹤、团鹤、松鹤延年等。

花鸟草介类受绘画影响。有"岁寒三友"松竹梅,梅兰竹菊"四君子""富贵万年"芙蓉、桂花万年青,"盛世三多"佛手、仙桃、石榴,"宜男多子"萱草、石榴,"喜上眉梢"喜鹊登梅,"青鸾献寿"鸾凤衔桃"灵知增禄"鹿衔灵芝,"福从天来"蝙蝠祥云、"连年有余"莲花金鱼,"金玉满堂"金鱼海棠等。

吉祥博古类以多以器物喻义，有"平升三级"瓶插三戟。

"八宝"指的是宝珠、方胜、玉磬、犀角、金钱、菱镜、书本、艾叶等；

"八仙"指的是扇、剑、葫芦拐杖、道情筒拂尘、花篮、云板、笛、荷花等；

"八吉"是舍利壶、法轮、宝伞、莲花、金鱼法螺、天盘长等。

多与儒、道、释三教有关。

几何文字纹类发展传统，有万字格、锁子、回纹、龟背、盘绦、如意、樗蒲、八达晕等。

字有福、寿、禄、禧、万、吉、双喜，"五福捧寿"5幅寿字团花，"吉祥如意"篆书吉语等。

图案组织有：

"团花"，有团龙、图鹤、云纹、牡丹、灯笼、鱼纹、樗蒲等，图案规范化；

"折枝"有鸳鸯戏水、瑞鹊衔花、干枝梅、秋葵等。

取绘画形式：缠枝最为流行，连续波伏骨架间列花朵卷叶，早期花叶相称协调，晚期叶小花大显枝茎，承传统发展。几何形规则而程式化。

明代的麻织工艺，在我国的东海地区有很大的发展。麻布的品类也比较多，有麻布、苎布、葛布、蕉布等。生产最著名

明代女子服饰

的地区有江苏省的太仓、镇江，福建省的惠安，广西壮族自治区的新会等地。

此外，在我国西南少数民族地区，还生产一种著名的绒锦。它是用麻做经，用丝做纬，织成无色绒。出产在贵州省等地。

明代毛织品较少，主要是地毯，多为白地蓝色花纹，而以黑色为边，毛散而短。明清时期以后，中原内地和边疆生产的毛毯，除供达官贵人们享用外，也开始向欧洲出口。

明代的棉织工艺，在元代发展的基础上，特别是黄道婆对棉织技术的传播后广泛发展的基础上，有了迅速的提高，生产几乎遍及全国。最著名的仍为江南一带，其中特别是江苏省产量很大，质地优美，成为全国棉织工艺的中心。

棉布的品种不断增加，仅江苏省一地所产的布就有龙墩、三棱、飞花、荣斑、紫花、眉织、番布、锦布、标布、扣布、稀布、云布、丝布、浆纱布、衲布等多种。

明代官服

其中，龙墩布轻薄细软，经过改进的云布精美如花绒，三棱布薄而软，丁娘子布光如银，都是很受欢迎的精美织品。

苏州产的有药斑、刮白、官机、縑丝、斜纹等品种。当地的织工，将不少丝织物的织造方法引入到棉纺织中，使工艺更加精进。

明代染织品的用途，主要分为3种：一是作为冠服；二是制帛；三是诰敕。明代设有颜料局，掌管颜料。由于配色、拼色工艺方法的进一步发展，颜料和染剂品种也较之前有显著的增加。

据宋应星《天工开物·彰施》记载，当时已能染制大红、莲红、桃红、银红、水红、木红、紫色、赭黄、金黄、茶褐、大红官绿、豆绿、油绿、天青、葡萄青、毛青、翠蓝、天蓝、玄色、月白、草白、象牙、藕荷等四五十种颜色，色彩经久不变，鲜艳如新。不仅普遍流行单色浇花布，还能制作各色浆印花布。

当时用猪胰等进行脱胶练帛和精炼棉布的方法，使得织物外观的色泽更加柔和明亮。这是在印染工艺中首次运用的生物化学技术。

此外，边陲地区的少数民族在纺织和印染技术方面也有相当的发展。如西北少数民族的地毯、壁毯、回回锦和田绸，西南少数民族的苗锦、侗锦、壮锦、土锦，苗族、布依族、土家族的蜡染等，均具有浓郁的地方风味和鲜明的民族审美特点，拥有强大的生命力。

阅读链接

《金瓶梅》以宋代徽宗当政时期为故事背景，实际上写的是明代嘉靖年间发生在古大运河山东境内一带的社会世情故事。书中最引人注意而饶有兴趣的，是所写到的各种各样的丝、棉、绒织品，真令人眼花缭乱，难以计数。

例如，纺织品有鹦哥绿纻丝衬袄，玄色纻丝道衣，白鹇纻丝、青织金陵绫纻等；棉布有毛青布大袖衫，好三梭布、大布、白布裙、玄色焦布织金边五彩蟒衣等。此外还有很多，可见当年国内纺织业之兴盛繁荣。

清代丝织云锦工艺

在古代丝织物中，锦是代表最高技术水平的织物。而江宁织造局纺织的云锦集历代织锦工艺艺术之大成，与四川成都的蜀锦、江苏苏州的宋锦、广西壮族自治区的壮锦并称"中国四大名锦"。

江苏南京云锦具有丰富的文化和科技内涵，被专家称作我国古代织锦工艺史上最后一座里程碑，公认为"东方瑰宝""中华一绝"，也是汉民族和全世界最珍贵的历史文化遗产之一。

南京龙纹云锦

■ 南京云锦孔雀开屏

清代,江南成为最为重要的丝织业中心。清朝朝廷在江南设立3个织造局,史称"江南三纺造",负责皇帝所用、官员所用、赏赐以及祭祀礼仪等所需的丝绸。其中以江宁织造局所织云锦成就最高。

因为清代的江宁就是现在的南京,故被后人称为南京云锦。

南京云锦工艺独特,用老式的提花木机织造,必须由提花工和织造工两人配合完成,两个人一天只能生产五六厘米,这种工艺至今仍无法用机器替代。

其主要特点是逐花异色,通经断纬,挖花盘织,从云锦的不同角度观察,绣品上花卉的色彩是不同的。由于被用于皇家服饰,所以云锦在织造中往往用料考究、不惜工本、精益求精。

南京云锦是用金线、银线、铜线及长丝、绢丝,

江宁织造局 清朝的行走机构,重要的织造中心,位于如今南京的市中心大行宫地区,为清代专门制造御用和官用缎匹的官办织局,丝绸产品只供皇帝和亲王大臣使用。为《红楼梦》作者曹雪芹之曾祖父曹玺,祖父曹寅,父辈曹颙、曹頫三代袭官居住地。

南京云锦作品

各种鸟兽羽毛等用来织造的,比如皇家云锦绣品上的绿色是用孔雀羽毛织就的,每个云锦的纹样都有其特定的含义。

如果要织一幅0.78米宽的锦缎,在它的织面上就有1.4万根丝线,所有花朵图案的组成就要在这1.4万根线上穿梭,从确立丝线的经纬线到最后织造完成,整个过程如同给计算机编程一样复杂而艰苦。

南京云锦,技艺精绝,文化艺术含义博大精深。皇帝御用龙袍上的正座团龙、行龙、降龙形态,代表"天子""帝王"神化权力的象征性。

与此相配的"日、月、星辰、山、龙、华虫、宗彝、藻、火、粉米、黼、黻"的章纹,均有"普天之下,莫非皇土,统领四方,至高无上"的皇权象征性。

祥禽、瑞兽、如意云霞的仿真写实和写意相结合的纹饰,以及纹样的象形、谐音、喻义、假借等文化艺术造型的吉祥寓意纹样、组合图案等也无一例外。

这些纹样图案,表达了我国吉祥文化的核心主题的设计思想,这就是"权、福、禄、寿、喜、财"要素,表达了人们祈求幸福与热情向往。

南京云锦图案的配色,主调鲜明强烈,具有一种庄重、典雅、明快、轩昂的气势，这种配色手法与我国宫殿建筑的彩绘装饰艺术是一脉相承的。

就"妆花缎"织物的地色而言，浅色是很少应用的。除黄色是特用的底色外，多是用大红、深蓝、宝蓝、墨绿等深色作为底色。而主体花纹的配色，也多用红、蓝、绿、紫、古铜、鼻烟、藏驼等深色装饰。

由于运用了色晕和色彩调和的处理手法，使得深色地上的重彩花，获得了良好的艺术效果，形成了整体配色的庄重、典丽的主调，非常协调于宫廷里辉煌豪华和庄严肃穆的气氛，并对封建帝王的黄色御服起着对比衬托的效果。

云锦图案的配色，多是根据纹样的特定需要，运用浪漫主义的手法进行处理的。如天上的云，就有白云、灰云、乌云等。

在云锦纹样设计上，艺人们把云纹设计为四合云、如意云、七巧云、行云、勾云等造型，是根据不同云势的特征，运用形式美的法则，把它理想化、典型化了。这是艺术创造上典型化、理想化所取得的动人效果。

云锦妆花云纹的配色，大多用红、蓝、绿3种色彩来装饰，并以浅

彩绘 我国最古老的漆器工艺品种，秦汉时期就已有很高的制作水平。其工艺采用我国大漆与入漆色调制成各种色彩，按画面及工艺要求绘制在髹好的漆面上，装饰在各类壁画、屏风、家具和各种礼品、纪念品上，图案纹样优美，栩栩如生，可反映古今不同时代的画面，色彩雅致，气韵生动，具有中国工笔重彩画的特色。

■ 南京云锦凤凰

南京云锦仙鹤

红、浅蓝、浅绿三色作为外晕，或通以白色作为外晕，以丰富色彩层次的变化，增加其色彩节奏的美感。

云锦妆花织物上云纹的这种配色，也就是这个道理。它不仅丰富了整个纹样色彩的变化，而且加以金线绞边，这就更符合人们对祥云、瑞气和神仙境界的想象与描绘。

五彩祥云和金龙组合在一起，表现出龙翱翔于九天之上，就更符合于封建帝王的心理，为统治者所喜爱。

在云锦图案的配色中，还大量地使用了金、银这两种光泽色。金、银两种色，可以与任何色彩相调和。"妆花"织物中的全部花纹是用片金绞边，部分花纹还用金线、银线装饰。

金银在设色对比强烈的云锦图案中，不仅起着调和和统一全局色彩的作用，同时还使整个织物增添了辉煌的富丽感，让人感到更加绚丽悦目。这种金彩交辉、富丽辉煌的色彩装饰效果，是云锦特有的艺术特色。

云锦使用的色彩，名目非常丰富。如把明清两代江宁官办织局使用的色彩名目，从有关的档案材料中去发掘，再结合传世的实物材料去对照鉴别，定可整理出一份名目极为丰富并具有民族传统特色的云锦配色色谱来。包括赤橙色系、黄绿色系和青紫色系。

属于赤色和橙色系统的有大红、正红、朱红、银红、水红、粉红、美人脸、南红、桃红、柿红、妃红、印红、蜜红、豆灰、珊瑚、红酱等。

属于黄色和绿色系统的有正黄、明黄、槐黄、金黄、葵黄、杏黄、鹅黄、沉香、香色、古铜、栗壳、鼻烟、藏驼、广绿、油绿、芽绿、松绿、果绿、墨绿、秋香等。

属于青色和紫色系统的有海蓝、宝蓝、品蓝、翠蓝、孔雀蓝、藏青、蟹青、石青、古月、正月、皎月、湖色、铁灰、瓦灰、银灰、鸽灰、葡灰、藕荷、青莲、紫酱、芦酱、枣酱、京酱、墨酱等。

云锦图案常用的图案格式有团花、散花、满花、缠枝、串枝、折枝几种。

团花就是圆形的团纹，民间机坊的术语叫它为"光"。如四则花纹单位的团花图案，就叫"四则光"；二则单位的，叫"二则光"。团花图案，一般是用于衣料的设计上。

设计团花纹样，是按织料的门幅宽度和团花则数的多少进行布局。则数少，团纹就大；则数多，团纹就小。比如一则团花是直径40厘米—46厘米，而八则团花则是直径4.6厘米—6.6厘米，相比之下显然差很多。

团花纹样，有带边的和不带边的两种。带边的团花，要求中心花纹与边纹有适度的间距，并有粗细的区别，使中心主花突出，达到主宾分明、疏密有致的效果。

散花主要用于库

南京云锦祥兽

■ 南京云锦仙人图

库缎 又名"花缎",或者"摹本缎",用全真丝色织的传统缎类丝织物。库缎原是清代御用贡品,以织成后输入内务府的缎匹库而得名。库缎包括起本色花库缎、地花两色库缎、妆金库缎、金银点库缎和妆彩库缎几种。晚清乃至民国初年,一般士绅常用作袍服、马褂的面料。直到现在,蒙、藏等少数民族仍然十分喜爱。

缎设计上。散花的排列方法有:丁字形连锁法、推磨式连续法、幺二三连续法,也称幺二三皮球、二二连续法、三三连续法等。也有以丁字形排列与推磨法结合运用的。

以上各种布列方法,并没有刻板的定式,都是设计时根据实际需要灵活地变化运用。

满花多用于镶边用的小花纹的库锦设计上。满花花纹的布列方法有散点法和连缀法两种。散点的排列比散花排列要紧密。

用连缀法构成的满花,多用于二色金库锦和彩花库锦上,设计时必须掌握托地显花的效果。

缠枝是云锦图案中应用较多的格式。缠枝花图案在唐代非常流行,最早多用于佛帔幛幔、袈裟金襕上。后来一直被承袭应用,成为我国锦缎图案常用的表现形式。

云锦图案中常用的缠枝花式有缠枝牡丹和缠枝莲。婉转流畅的缠枝,盘绕着敦厚饱满的主题花朵,缠枝犹如月晕,也好似光环。

再加以灵巧的枝藤、叶芽和秀美的花苞穿插其间,形成一种韵律、节奏非常优美的图案效果。整件织品看起来,花清地白、锦空匀齐,具有浓郁的装饰风格。

串枝是云锦花卉图案中常用的一种格式。串枝图案的效果乍看起来与缠枝图案似无多大区别；但仔细分辨，两者还是有不同的地方。

缠枝，它的主要枝梗必须对主题花的花头，做环形的缠绕。

串枝，它是用主要枝梗把主题花的花头串联起来，在单位纹样中，看不出这种明显的效果，当单位纹样循环连续后，枝梗贯串相连的气势便明显地显示出来。

折枝，是一种花纹较为写实的图案格式。"折枝"，顾名思义就是折断的一枝花，上面有花头、花苞和叶子。在折枝纹样的安排处理上，要求布局匀称，穿插自如，折枝花与折枝花之间的枝梗无须相连，应保持彼此间的间断与空地。

单位纹样循环连续后，富有一种疏密有致、均匀和谐的美感。这种构图方法，多用于彻幅纹样或二则大花纹单位的妆花缎设计上，整

南京云锦花开图

▪ 南京云锦麒麟

幅的织成效果非常富有气派。

总之，南京云锦是历史悠久，纹样精美，配色典雅、织造细致，是纺织品中的集大成者。它不但具有珍稀、昂贵的历史文物价值，而且是典藏吉祥如意、雅俗共赏的民族文化象征。

阅读链接

相传，古南京城内有一位替财主干活的老艺人，有一次为财主赶织一块"松龄鹤寿"的云锦挂屏。可他一夜才织出5寸半，眼看要交货的时间到了，老人急得晕倒在织机旁。

就在这时，天空闪出万道金光，接着浮云翩翩，两个姑娘奉云锦娘娘之命，来到张永家。

她们把张永扶上床，自己就坐到机坑里面熟练地织起云锦来。霎时间，织机声响连连，花纹现锦上。花纹好像仙境一样，青松苍郁、泉水清澈，两只栩栩如生的仙鹤丹顶血红，非常耀眼！

清代棉纺毛纺工艺

清代棉纺织手工业有所发展，生产工具也有不少改进。棉纺品中有很多突出的成就，其中的"南京紫花布"在世界上享有盛誉，曾经大量出口海外。

清代毛纺织业也很发达，尤其是对西藏的开发，使西藏毛纺工艺提升到了先进水平。西藏盛产羊毛和绒，毛织工艺发达。毛织原料以羊毛为主，江孜的氆氇在清代就驰名中外。

■ 清代棉纺织品

清代棉布服饰

清代棉纺织品中,江苏松江布全国知名,所产精线绫、三梭布、漆纱方巾、剪绒毯,皆为天下第一。无锡之布轻细不如松江,但在结实耐用方面则超过之。河北棉纺织品也有名气,甚至可以与松江布匹敌。

随着手工棉纺技术的发展,清代后期"松江大布""南京紫花布"等名噪一时,成为棉布中的精品,而后者尤其著名。

紫花布是南京的特产,用紫木棉织成。紫木棉是一种天然彩色棉花,花为紫色,纤维细长而柔软,由农民织成的家机布,未经加工多微带黄色,特别经久耐用,其纺织品被称作"紫花布"。

这种天然有色的紫花布颜色质朴,在历史上深受手工纺织者欢迎和大众的喜欢。

南京紫花布是我国本土的手工织机布。

根据《南京商贸史话》等资料的记载,早在宋元时期,棉花的种植传入长江下游地区。南京孝陵卫以及江浦乌江一带开始大规模种植棉花,手工纺纱织布成为农家副业。

至清代嘉庆年间,南京的棉纺织业开始兴起,中华门内以及孝陵卫一带的织户纷纷开机织布。织工织出的棉布匀称、结实、耐用,受到用户喜爱。

据记载,当时的南京布为公司布和窄布两种,之所以以南京命名,是因为这两种布的主要产地就是南京。

两种布相比较，公司布质地较佳，多行销外地甚至外国。窄布则多为南京本地农户使用。后来，当苏南等地的土布兴起后，也打起了"南京布"的旗号。

从资料里可以看出，1840年第一次鸦片战争之前，世界范围内，英国的纺织工业相当落后，美国的纺织工业甚至还没有建立起来。

南京布在质地、花色等各个方面都超过了欧洲生产的布匹，而且价格低廉，因此，南京布被大量出口，成为欧美贵族追逐的时尚物品，而我们南京也成为中国输出棉纺织品的最主要生产基地。

《南京商贸史话》记载着这样的数据：1820年之前，英国东印度公司每年运到英国的南京布多达20万匹以上。英国客商在1817年至1827年间，每年运出的南京布保持在40万匹至60万匹左右。

美国更是消费南京布的大买家，有资料显示，1809年一年，美国就从中国运回南京布370万匹；

嘉庆（1760—1820），清仁宗爱新觉罗·颙琰，清朝第七位皇帝，也是清军入关以来第五位皇帝，年号"嘉庆"。为清高宗爱新觉罗·弘历第十五子，母为孝仪纯皇后魏佳氏。在位25年。葬于河北易县清西陵的昌陵。庙号仁宗。谥号：受天兴运敷化绥猷崇文经武光裕孝恭勤俭端敏英哲睿皇帝。

清代女子服饰

1819年一年又运走313万匹。美国人购回大量的南京布,一部分在美国国内销售,一部分转运到南美洲、澳洲销售。

据英国1883年出版的《中国博览》记载:

> 中国造的南京土布,在颜色和质地方面,仍然保持其超越英国布匹的优越地位。

其实,南京布的色彩并不花哨,除了不漂不染的"本白",还有老蓝、土黄等单色,既不紫,更无花,但奇怪的是,西洋人就是喜欢南京布,还称之为"紫花布"。当时还有人称南京布为"格子布"。

欧洲人相当看重南京布厚实耐用的优点,当年南京布中有一个被称作"萝卜皮"的品种,其厚度甚至超过如今的帆布,但是手感却十分绵软,尤其是下过几次水之后,柔软温暖得如同绒布,而牢固程度远远超过"洋布"。

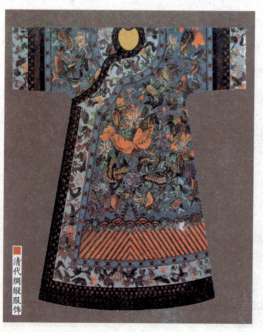

■ 清代绸缎服饰

《中国博览》有这样的记载:在英国"人人以穿着'南京布'为荣,似乎没有这种中国棉布裁制的服装,就不配称为绅士,难以登大雅之堂。"

南京布成为欧洲尤其是英国的贵族、绅士追逐的时尚。狄更斯、福楼拜、大仲马这些世界级大文豪也很熟悉南京布,在他们的作品中,常常出现的词语"nankeenbosom",指的就是"南京布"。

在狄更斯的名著《匹克威克外传》中,"南京布"出现的频率很多,翻译者如此注释:"18世纪至19世纪,南京布在英法等西欧国家上流社会特别风行,是贵妇们追逐的时尚面料"。

而在《大卫·科波菲尔》《基度山伯爵》《包法利夫人》等名著中,也有南京布的身影。

福楼拜的《包法利夫人》写道,包法利夫人穿着紫花布长袍,也就是用"南京布"做的长袍,让年轻男子见了为之痴狂。而大仲马的《基度山伯爵》中,基度山伯爵穿着高领蓝色上装,紫花布裤子,用的也是"南京布"。

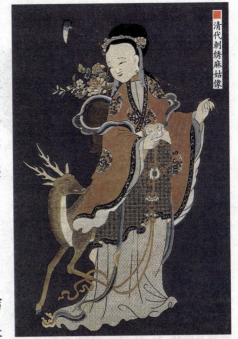

清代刺绣麻姑像

清代的纺织工具也随着纺织业的发展而发展。棉纺织有扎花、纺纱、织布3个主要工序。扎花即除去棉籽,黄道婆做成搅车,将棉籽挤出。清代改称"扎车"。

清代扎车用三脚架,高3尺,有径3寸和1.5寸滚轴一对,水平放置:大轴木制,用手摇,外旋。小轴铁制,用脚踏,内旋。

利用两轴摩擦力,转速和旋向不同,将棉与籽分开,籽落于内,棉出于外。这种扎车一人操作"日可扎百十斤,得净花三之一",尤以太仓式扎车出名,一人可当四人。

轧去棉籽的棉花,古代称为"净棉",现代称为"皮棉"或"原棉"。净棉在用于手工纺纱或做絮棉之前,需经过弹松,称为"弹

■ 清代西藏毪毯服饰

兰州机器织呢局 清代最早经营的机器毛纺织厂，也是我国第一家机器毛纺织厂。1878年由陕甘总督左宗棠筹设。共有蒸汽机2架，粗纺锭1000枚，织机20台，以及清毛、烘毛、漂染等机器。厂房230余间，占地20余亩。兰州机器织呢局起了开商业经营风气之先的作用。

棉"。清代，弹棉者把小竹竿系于背上，使弹弓跟随弹花者移动，操作较方便。

松江地区在乾隆年间所用弹花弓，长5尺余，弦粗如5股线，以槌击弦，将棉花弹松，散若雪，轻如烟，比之明代所用4尺多的竹弓蜡丝弦，弹力更大，从而提高了弹棉效率。

明清时期，农家小户还多是手摇单锭小纺车，棉纺发达地区单人纺车仍以"三锭为常"，只有技艺高超者可为4锭，而当时欧洲纺纱工人最多只能纺两根纱。

清代末期，在拈麻用"大纺车"的基础上，创制出多锭纺纱车。3人同操一台40锭双面纺纱车，日产纱10余千克，成为我国手工机器纺纱技术的最高峰。

多锭纺纱车的纺纱方法是模拟手工纺纱，先将一引纱头端粘贴棉卷边，引纱尾部通过加拈钩而绕于纱盘上，绳轮带动杯装棉卷旋转，引纱则向上拉，依靠引纱本身的张力和拈度，引纱头端在摩擦力作用下，把棉卷纤维徐徐引出，并加上拈回而成纱。

清代毛纺也较发达，1878年，清朝廷在兰州建立了兰州机器织呢局，这是我国最早的一家机器毛纺织厂。清代毛纺工艺相对较为发达的地区是西藏清代的西藏，随着畜牧业和农业的发展，这里的手工业生产有了长足的进步。在清代西藏手工业中，最为发达、最为普及的手工业是毛纺织业，它掌握在西藏地方官府手中。

西藏地方官府从西藏北方的草原以赋税形式获得大量羊毛后，便将羊毛分配给西藏中部地区的居民，让这些居民无偿为官府纺织，以代替其应支的其他差役。

毛纺织品制成后，西藏地方官府将这些产品加以出售，从而获得巨额利润。就是这样，西藏官府掌握了毛纺织业这一西藏最重要的手工业。

当时，西藏牧民在他们放牧的空闲时间里，纺织了大量的毛料。

据有关史料记载，西藏东部居民纺织的毛料在当时要普遍比西藏西部居民纺织的毛料更胜一筹，且颜色丰富，多有绿、红、蓝和黄色条纹或饰有小的"十"字纹。

清代西藏质量最好的毛纺织品是产于江孜的氆氇。氆氇是加工藏装、藏靴、金花帽的主要材料。传统品种有加翠氆氇、毛花氆氇、棉纱氆氇等。

氆氇为藏族人民手工制作，细密平整，质软光滑，作为衣料或装饰的优质毛纺织品，是以羊毛为原料，经纺纱、染色、织

藏族毛纺服饰

藏绣唐卡作品

造、整理等工序制成。

清代织氆氇用的是木梭织机，织好以后是白色的，宽24厘米左右，可做男式服装。但一般都要染成黑色，也有染成红、绿等色彩。因氆氇是羊毛织品，结实耐用，保暖性好，所以深受广大群众喜爱。

毛线用茜草、大黄、荞麦和核桃皮等做染料，可染成赭红、黄、绿等颜色。

由于清代西藏的毛纺织品生产极为普遍，所以不仅能够满足西藏地区本身的大量需求，而且能在一定程度上向外出口。在清代，西藏的毛纺织品远销不丹、印度、尼泊尔等国，享有盛誉。

阅读链接

清代，西藏毛纺技术和工艺享誉海内外，毛纺织物受到世界许多国家人们的欢迎。当时有一个英国发明家叫塞缪尔·特纳，他在《出使西藏札什伦布寺记》一书中，记载了他亲身经历的一件事：

在塞缪尔·特纳进入我国西藏的途中，他的一个不丹向导穿有一件西藏毛料做的衣服。该向导对此沾沾自喜，并告诉特纳说："西藏的毛料能够穿的时间，是不丹毛料的3倍！"

在塞缪尔·特纳所记载的这件事，充分反映了清代我国西藏毛纺织品质量的优异。

明清时期的苏绣

苏州刺绣的发源地在苏州吴县一带,这是狭义的苏绣,而广义的苏绣是以苏州为集散中心,遍及江苏全境的一种著名手工艺品。明清时期,苏绣与湘绣、粤绣、蜀绣合称为"中国四大名绣"。

明代时,江苏已成为全国的丝织手工业中心,与此同时,绘画艺术方面的发展也推动了苏绣的发展。清代是苏绣的全盛时期,真可谓流派竞秀,名手辈出。皇室享用的大量纺织品,几乎全出于艺人之手。

■ 苏州刺绣龙袍

■ 苏绣荷花白露

苏绣历史悠久，据西汉刘向《说苑》记载，早在2000多年前的春秋时期，吴国已将刺绣用于服饰。三国时期，吴王孙权曾命赵达丞相之妹手绣《列国图》。

《清秘藏》叙述苏绣"宋人之绣，针线细密，用线一二丝，用针如发细者为之。设色精妙，光彩射目。"可见在宋代苏绣艺术已具有相当高的水平。

据有关史料记载，自宋代以后，苏州刺绣之技十分兴盛，工艺也日臻成熟。

苏绣用于装饰室内，馈赠亲友，同时也是收藏精品和外贸工艺品。

苏绣在分类上主要有人物肖像类、山水风景类、动物类、各种花卉类、油画静物及其他分类。

苏绣在品质上主要分为：精品刺绣，包括人物肖像及高档风景刺绣；中档刺绣，主要是以乱针绣为主的精品人物类和风景类；还有普通刺绣及低档刺绣。

苏绣具有图案秀丽、构思巧妙、绣工细致、针法活泼、色彩清雅的独特风格，地方特色浓郁。苏绣以其逼真的艺术效果名满天下，其绣技具有"平、齐、和、光、顺、匀"的特点。

刘向（约公元前77—前6），西汉经学家、目录学家、文学家。刘向的散文主要是奏疏和校雠古书的"叙录"，较有名的有《谏营昌陵疏》和《战国策叙录》，叙事简约，理论畅达，舒缓平易是其主要特色。具有这种特色的还有《楚辞》《别录》《列女传》《战国策》等。

"平"指绣面平展;"齐"指图案边缘齐整;"细"指用针细巧,绣线精细;"密"指线条排列紧凑,不露针迹;"和"指设色适宜;"光"指光彩夺目,色泽鲜明;"顺"指丝理圆转自如;"匀"指线条精细均匀,疏密一致。

明代,苏州的丝织业日趋发达,苏州城东成为苏州丝织业的中心。与此同时,刺绣也随之兴起,家家养蚕,户户刺绣。豪门贵族的小姐做女红,以此消磨时光,陶冶性情。这时苏绣已经形成了独特的风格。

这说明,经过2000多年历史的发展,苏绣的技艺至明代便进入了成熟时期,形成了自己的风格。精细雅致的苏绣深得人们的喜爱。

明代洪武年间,朝廷复建织造局于苏州天心桥东。永乐年间,始派京官来苏州督造,设制造府,总管苏绣宫货的采办。有设制造馆,集中若干机户、绣工进行专业生产。

明代嘉靖年间上海"露香园顾绣"的出现,对苏绣风格的形成有举足轻重的影响。

顾绣代表人物韩希孟,是"露香园"主人顾名世的孙媳,她的绣品的艺术特点,在于利用绘画为基础,尽力发挥刺绣针法与调和色彩的表现能

韩希孟 生活于明代万历、崇祯年间。出身湖南武陵书香门第,嘉靖进士顾名世次子顾振海的二儿媳顾寿潜妻。善画花卉,工刺绣,多用朱绣名款,传世作品较多,为世所珍,也称"韩媛绣"。因其为顾寿潜之妻,而且顾家有露香园,故又称其刺绣为露香园绣,简称"顾绣"。

■ 苏州织绣

> **德龄**（约1886—1944），汉军正白旗人，德龄的祖先本是汉人姓徐，入旗后称名而不称姓，自称德龄公主或德龄郡主。因曾担任慈禧的御前女官并用英文写作了这段经历而闻名。

力，使绣品效果达到淋漓尽致、相得益彰。

明代苏绣在吸取韩希孟的长处后，无论在原料、针法绣工上，与当时的鲁绣、东北的缉线绣、北京的洒线绣截然不同，形成了图案秀丽、色彩文雅、针法活泼多变、绣工精细的特有风格，称誉全国。可以说，明代刺绣中最著名的是顾绣。

清代宫廷内的帘、垫、罩、衣之类，无不用绣。

据清代贵族德龄郡主所写的《回忆录》说，慈禧太后用大量的刺绣品来装饰和打扮自己。皇宫中专门有一处地方供刺绣宫女居住，形成一个规模很大的丝绣工场。宫女们从养蚕缫丝开始，到染线、设计绘作，一应俱全。

年龄大而有经验的宫女才专门设计、绘画，几乎每天都能设计出一两套，交绣作的宫女绣制。完成后就送到慈禧太后以备使用。数量之多，使太后来不及一一穿用。

民间更是丰富多彩，广泛用于服饰、戏衣、被面、枕袋帐幔、靠垫、鞋面、香包、扇袋等方面。

这些苏绣生活用品不仅针法多样、绣工精细、配色秀雅，而且图案花纹含有喜庆、

■ 苏绣冬景戏婴图

长寿、吉祥之意，深受群众喜爱。

苏绣在清代已成为苏州地区分布很广的家庭手工业，从事凤冠、霞帔、补子、官服、被面、枕套、鞋面、手帕、扇袋、挂件、荷包、帐帏、椅披、戏剧行头等各种各样绣品的制作。

为营销绣品，各种绣庄应运而生，甚至出现了有关刺绣的专业坊巷，如"绣线巷""绣花弄"等，苏州被称为"绣市"。苏州地区还出现了双面绣，标志着苏绣有了高度的艺术技巧。

在当时，皇室的日用绣品或艺术绣品，多出自苏绣艺人之手。在民间，如蔡群秀、沈英、沈立、朱心柏、徐志勤、钱蕙、林抒、赵慧君、沈关关、杨和、金采兰、江缪贞、潘志玉、张元芷、郭桐先等一大批苏绣艺人脱颖而出，成为当时的著名绣家。

最杰出的则首推清末苏绣艺术家沈寿，她吸收了西洋画中的明暗原理，十分注重物象的逼真，首创了"仿真绣"，对苏绣技艺的改进、发展、推广、传播，起到了积极的作用，在我国刺绣史上具有划时代的意义。

总之，明清两代苏绣工艺发达，承继宋代优良基础的刺绣，顺应时代热烈风气，继续蓬勃昌盛，而且更上一层楼。

阅读链接

清代光绪年间，苏州绣坛的沈云芝，融西画肖神仿真的特点于刺绣之中，新创了"仿真绣"。曾在慈禧七十岁寿辰时绣了佛像等8幅作品祝寿，慈禧倍加赞赏，书写"寿""福"两字赐之。从此沈云芝改名"沈寿"。

沈寿的作品《意大利皇后爱丽娜像》，曾作为国家礼品赠送给意大利，轰动了意国朝野；《耶稣像》1915年在美国举办的"巴拿马——太平洋国际博览会"上获一等大奖，售价高达1.3万美元。

沈寿的"仿真绣"享誉中外，开创了苏绣崭新的一页。

明清时期的湘绣

湘绣是以湖南长沙为中心的有鲜明湘楚文化特色的刺绣的总称，是勤劳智慧的湖南人民在人类文明史的发展过程中，创造的一种具有湘楚地域特色的民间工艺。

明清时期，湘绣与苏绣、粤绣、蜀绣并称为"中国四大名绣"。

明清时期，随着艺术的发展，湘绣还吸收了我国古老文化中绘画、诗词、书法、金石等多种艺术的精华，其技艺和生产都获得了前所未有的活力，达到了空前的繁荣。

■ 湘绣精美饰品

湘绣的发源地是长沙。长沙自古为文化名城，也是中南地区重镇。

长沙地处湘江尾闾，奔腾的湘江纵贯其间，西依岳麓山，东北则是济阳河冲积平原，境内江湖密织，山岳连绵，山川形胜，四通八达，地理位置可谓得天独厚，历来为蕴秀滋华之地。

湘绣艺术起源于湖南民间刺绣，历史悠久，源远流长。从1958年长沙战国楚墓中出土的绣品看，早在2500多年前的春秋时期，湖南地方刺绣就已有一定的发展。

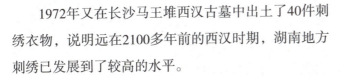
■ 湘绣水乡出游

1972年又在长沙马王堆西汉古墓中出土了40件刺绣衣物，说明远在2100多年前的西汉时期，湖南地方刺绣已发展到了较高的水平。

从长沙战国楚墓和马王堆西汉古墓出土的大量绣品中，可以窥见当时湖南地方刺绣技艺已经达到令人惊讶的高度。在此后漫长的发展过程中，湖南刺绣艺术逐渐培养了质朴而优美的艺术风格。

湘绣作品是室内装点的高贵饰品，是馈赠宾朋的高档礼物，是个人收藏的高尚选择，同时也是外贸工艺品。

湘绣品种分类，有按针法类别分类、按工艺分类、按产品形式分类几种形式。

马王堆汉墓 在湖南长沙东郊4千米处的浏阳河旁的马王堆乡，西汉初期长沙国丞相、軑侯利苍的家族墓地。马王堆汉墓的地面上，原有大小相仿的两个土丘，东西并列，底径各约40米，顶部圆平，高约16米。1972年至1974年先后掘出3座汉墓。3座汉墓中，二号墓主的是汉初长沙丞相軑侯利苍，一号墓主是利苍妻，三号墓主是利苍之子。

■ 湘绣彩绘手帕

湘绣的针法类别有单面绣和双面绣。单面绣是只呈现一张绣面，绣工用精湛的针法，令人眼花缭乱的200多种颜色的丝线，再辅以稿工的沤血力作才绣出完美的绣片。

绣片经过平烫后，让丝线的光泽和色彩融合到一起，工匠用画框装裱起来，正面用玻璃镶好，背面用防潮的且坚固的纸板卡好，以便存放或收藏。

双面绣即正反两面都是相同的绣面，上面绝对找不出半点瑕疵，哪怕是一个不起眼的线头，这是中国四大名绣中绝无仅有的高超绣法。它不但绣工精湛，而且有些框架也绝对称得上是一件木雕精品，它采用原木雕刻再上朱漆。充分展现湘绣的高雅与别致的韵味。

湘绣中的极品和精品，用的丝线以及绣工都是高级别的，比普通的湘绣制品更加细致。绣制一幅精品耗时比较长，其中融入了绣工的很多体力与时间。

根据丝线绣的疏密程度、丝线颜色是否亮丽、缎面是否光滑亮泽，可以看出绣品的等级，同一种图案绣工不同，质量也就不同，价格也随之而异。

湘绣按产品形式，主要品种有条屏、画片、被面、枕套、床罩、靠垫、桌布、手帕及各种绣衣。屏风分为小型屏风、挂屏和座屏。

木雕 雕塑的一种，是从木工中分离出来的一个工种，一般称之为民间工艺。可分为立体圆雕、根雕、浮雕三大类。多选用质地细密坚韧，不易变形的树种，如楠木、紫檀、红木等。采用自然形态的树根雕刻艺术品则为树根雕刻。有的还涂色施彩，用以保护木质和美化。

湘绣以独特的针法绣出的绣虎、绣狮等动物毛丝根根刚健直竖，眼球有神，几可乱真。其特点是色彩鲜艳，形象逼真，构图章法严谨，画面质感强。

湘绣的特点是丝细如发，被称为"羊毛细绣"；在配色上善于运用深浅灰及黑白色，增强质感和立体感；结构上虚实结合，善于利用空白，突出主题；构图严谨，色彩鲜明，各种针法富于表现力。

明清时期，随着湘绣商品生产的发展，经过广大刺绣艺人的辛勤创造和一些优秀画家参与湘绣技艺的改革提高，把中国画的许多优良传统移植到绣品上，巧妙地将我国传统的绘画、刺绣、诗词、书法、金石各种艺术融为一体，从而形成了湘绣以中国画为基础，运用70多种针法和100多种颜色的绣线，充分发挥针法的表现力，精细入微地刻画物象外形内质的特点。

明代商品经济的发展促进了民间手工业的发展。商业性作坊的专业化生产，加上唐宋期间文人艺人的结合，对刺绣工艺品产生了巨大的影响，刺绣技术和生产获得了前所未有的活力，达到了空前繁荣，进入了我国传统刺绣的巅峰时期。

明代湘绣工艺在用途方面，广泛流行于社会各阶层，制作无所不有，与后来的清代，成为我国历史上刺绣流行风气最盛的时期。一般实用绣作，品质普遍提

■ 形象逼真的的湘绣作品

> **宋绣** 北宋年间，宋绣与汴绣齐名。唐宋时代就有以宋绣为主的手工艺品。新中国成立后，传统的刺绣工艺得到了迅速的恢复和发展。机绣和手绣在20世纪50年代中后期曾为天津口岸加工出口商品。产品远销国外。

高，材料改进精良，技巧娴熟洗练。

明代刺绣已成为一种极具表现力的艺术品，其中的湘绣工艺在承袭宋绣优秀传统的同时，能够推陈出新，有新发明。

用线主要仍多数用平线，有时也用捻线，丝细如发，针脚平整，而所用色线种类之多，则非宋绣所能比拟。同时又使用中间色线，借色与补色，绣绘并用，力求逼真原稿，极尽巧妙精微的湘绣技术。

清代初期，国家繁荣，百姓生活安定，刺绣工艺得到了进一步的发展和提高，所绣物像变化较大，富于很高的写实性和装饰效果。

同时，由于清代刺绣用色和谐和喜用金针及垫绣技法，故使绣品纹饰具有题材广泛、造型生动、形象传神、独具异彩、秀丽典雅、沉稳庄重的艺术效果。

折射出设计者及使用者的巧思和品味，体现了清代刺绣所具有的丰富内涵和艺术价值。

湘绣吸取了苏绣、粤绣、京绣等绣系的优点，发展成为刺绣艺苑的后起之秀。清代湘绣早期以绣制日用装饰品为主，以后逐渐增加绘画性题材的作品。

清代嘉庆年间，优秀绣工胡莲仙的儿子吴汉臣，在长沙开设

■ 湘绣孔雀开屏

第一家自绣自销的"吴彩霞绣坊",作品精良,流传各地,湘绣从而闻名全国。这标志着湘绣正式走向商品化的道路。

清光绪年间,宁乡画家杨世焯倡导湖南民间刺绣,长期深入绣坊,绘制绣稿,还创造了多种针法,提高了湘绣艺术水平。

至光绪末年,湖南的民间刺绣已经发展成为一种独特的刺绣工艺系统,成为一种具有独立风格和浓厚地方色彩的手工艺商品走进市场。这时,"湘绣"这样一个专门称谓才应运而生。

此后,湘绣在技艺上不断提高,并成为蜚声中外的刺绣名品,远销海内外。

清代湘绣的特点是用丝绒线绣花,劈丝细致,绣件绒面花型具有真实感。常以中国画为蓝本,色彩丰富鲜艳,十分强调颜色的阴阳浓淡,形态生动逼真,风格豪放,曾有"绣花能生香,绣鸟能听声,绣虎能奔跑,绣人能传神"的美誉。

以特殊的鬅毛针绣出的狮、虎等动物,毛丝有力、威武雄健。

总之,湘绣作为我国四大名绣之一,吸取了我国传统刺绣艺术的精华,在明清时期形成了自己独特的风格,无愧于"远观气势宏伟,近看出神入化"的艺术效果。

阅读链接

清代末期艺术家杨世焯珍爱民间艺术。他中年后研究刺绣,积极扶持刺绣艺术的发展。曾在他的家乡广收门徒,开馆传授绣艺,培养了大批的刺绣能手。

1898年,杨世焯带领一批宁乡绣工离开家乡,先后在宁乡县城及善化县荣湾市和长沙市贡院东街的杨氏试馆开设绣庄,推销绣品。

1904年,年逾六旬的杨世焯在长沙市鸡公坡五圣祠开设了春红簃湘绣庄,专门绣制供士大夫阶层欣赏的各种字画屏联,从来不制作小日用品和椅披堂彩之类的生活用物。

明清时期的粤绣

粤绣是指以广东广州为中心生产的手工丝线刺绣的总称,它包括以广州为代表的广绣和以潮州为代表的潮绣两大流派。粤绣凝聚着历代岭南艺人的天才与智慧,从艺术风格到创作思维都充满了岭南特色。

明清时期,粤绣与苏绣、湘绣、蜀绣合称为"中国四大名绣"。

明清时期,粤绣进入新的发展时期。当时的广州和潮汕,家家户户都会纺织刺绣。从婚嫁、祭祀、戏装,至枕巾、荷包,粤人用针线织造出了他们对生活的热情和深藏于心的真挚情感。

■ 粤绣梅凤图

■ 粤绣

粤绣历史悠久，始于1000余年前的唐代。

在唐代至五代十国期间，由于广州属于边疆地区未受到战乱的影响，刺绣与农业、手工业一样得到长足的发展。

关于粤绣有一段真实的故事。据唐代苏鄂在《杜阳杂记》记载，唐代一个叫卢媚娘的14岁的广东姑娘，纤巧无比，能在一幅一尺见方的丝绢上绣出7卷佛经《法华经》，字体比粟米还小，而且点画分明。

她又绣制了五彩丝缕结成的3米多长的伞盖"飞仙盖"，上面绣有山水、神仙、童子等不下千人。唐顺宗李诵曾嘉奖其工，并把卢媚娘称为"神姑"。

这个故事说明粤绣的历史是多么悠久绵长，技艺是多么卓越超群。

粤绣按刺绣技艺分，有丝线绣、金银线绣、双面绣、垫绣等；按欣赏品分，有条屏、座屏、屏风等。按日用品分其品种很多，主要有服装、鞋、帽、

唐顺宗（761—806），名李诵，德宗的长子，居储位20余年。即位后，锐意改革，采取了一系列有利民生的措施，整顿吏治，史称"永贞革新"。

苏鄂 唐玄宗时期宰相苏颋的同族。由于他居住在武功杜阳川，故其书名题作《杜阳杂编》，共3卷，杂记唐代宗至唐懿宗十朝事，尤多关于海外珍奇宝物的叙述，事颇荒诞。它的语言特色对后世文人创作有一定的影响。

> **质感** 多指某物品的材质、质量带给人的感觉。一般指雕塑、绘画等艺术品所表现的物体的物质真实感。它是人的视觉或触觉对不同物态如固态、液态、气态的特质的感觉。在造型艺术中则把对不同物象用不同技巧所表现把握的真实感称为质感,又因媒介不同分为天然质感和人工质感。

头巾、被面、枕套、靠垫、披巾、门帘、台布、床罩等。此外还有用于宗教的绣品,大多为袍、服及寺庙内的装饰品。

粤绣具有独特的工艺,它构针法多样、善于变化、图案工整、富于夸张,题材广泛、繁而不乱。

粤绣用线多样化,除丝线、绒线外,也用孔雀毛绩做线,或用马尾缠绒做线。针法十分丰富,把针线起落、用力轻重、丝理走向、排列疏密、丝结卷曲形态等因素都用来强化图像的表现力。

粤绣主要针法有直扭针、捆咬针、续插针、辅助针、编绣、绕绣、变体绣等7大类28种。另有金银线绣针法,如平绣、织锦、编绣、绕绣、凸绣、贴花绣等6类12种。

绣制时,根据设计意图及物像形状、质感和神

■ 粤绣松鹤延年

态，巧妙地将各种针法互相配合和转换，以求达到良好的艺术效果。

钉金绣是粤绣的传统技法，又称"金银线绣"，针法复杂、繁多。它是颇具特色的粤绣工艺。

粤绣运用"水路"的独特技法，使绣出的图案层次分明，和谐统一。"水路"即在每一相邻近的刺绣面积之间，在起针和落针点之间留出约0.5毫米的等距离，从而在绣面形成空白的线条。

例如，在花卉的每朵花瓣、鸟禽的鸟羽之间，都留有一条清晰而均齐的"水路"，使形象更加醒目。

粤绣的题材比较广泛，有三阳开泰、孔雀开屏、百鸟朝凤、杏林春燕、松鹤猿鹿、公鸡牡丹、金狮银兔、龙飞凤舞、佛手瓜果等民间喜爱的题材，构图繁密，色彩浓重。鸟、龙、凤、古器则是最具传统特色的题材。

明代正德年间，粤绣经由欧洲商舶出口到葡萄牙、英国、法国等，成为朝廷和皇室、贵族们宠爱的服饰品。

明代粤绣还以国外进口的孔雀尾羽织成丝缕，绣制成服装和日用品等，金翠夺目，富丽华贵。

据中国营造学社创始人朱启钤的《存素堂丝绣录》记载，清代宫廷曾收藏有明代粤绣古器等8幅，被称为"博古围屏"。

上面绣制古鼎、玉器等95件，件件铺针细于毫发，下针中规中矩，有的以马尾缠作勒线勾勒轮廓，图案工整，针眼掩藏，天衣无缝，充分显示了明代粤绣的高超技艺。

清初的对外贸易，促进了粤绣的发展，使粤绣名扬国外。清朝朝廷经广州海关出口的粤绣，高峰的一年出口价值曾经达到50万两白银。

清代粤绣主要出口商品为衣料、被面、枕套、挂屏、屏心及小件扇套、裲裆、团扇、鞋帽、荷包等。

为了鼓励对外贸易，清廷于1793年在广州成立了刺绣行会"锦绣

粤绣咏鹅

行"和专营刺绣出口的洋行,对于绣品的工时、用料、图案、色彩、规格、绣工价格等,都有具体的规定。

清乾隆年间,广东潮州也成为粤绣的主要产地,有绣庄20多家,绣品通过汕头出口泰国、新加坡和马来西亚等国。

清光绪年间,广东工艺局在广州举办缤华艺术学校,专设刺绣科,致力于提高刺绣技艺,培养人才。

自清代中期,粤绣分为绒绣、线绣、钉金绣、金绒绣等4种类型,其中尤以加衬浮垫的钉金绣最著名。钉金绣以潮州最有名,绒绣以广州最有名。

潮绣以金碧、粗犷、雄浑的垫凸浮雕效果的"钉金绣"为特色,在其他绣种中标新立异。

潮州钉金绣是在绣面上,按照形象中需要隆起的部分,用较粗的丝线或棉线一层层地叠绣至一定的高度,并做到外表匀滑、整齐,然后在其上施绣。或以棉絮做垫底,在面层以丝线满铺绣制,然后在面层上施绣。或以棉絮做垫底,覆盖以丝绸,并将丝绸周围钉牢,然后在上面施绣。

潮州刺绣"九龙屏风",画面上为9条动态不同的蛟龙腾空飞舞,又以旭日、海水、祥云相连，组成九龙闹海，旭日东升，霞光万道的壮丽场面。绣品采用了金银线垫绣的技法，龙头、龙身下铺垫棉絮，高出绣面两三厘米，充分表现了蛟龙丰满的肌肉、善舞的躯体及闪闪发光的鳞片，富于质感和立体感。

钉金绣题材有人物、龙凤、博古、动物、花卉等，以饱满、匀称的构图和热烈喜庆的色彩，气氛鲜明、生动地表现题材，使潮绣产生了丰富瑰丽的艺术效果。

广州绒绣称为"广绣"，是产于广东地区的手工刺绣。据传创始于少数民族，明代中后期形成特色。

广绣的特色是：一是用线多样，除丝线、绒线外，也用孔雀毛捻搂作为线，或用马尾缠绒作为线；二是用色明快，对比强烈，讲求华丽效果；三是多用金线作为刺绣花纹的轮廓线；四是装饰花纹繁缛丰满，热闹欢快。常用百鸟朝凤、海产鱼虾、佛手瓜果一类有地方特色的题材；五是绣工多为男工所任。

广州绒绣的品种十分丰富，有被面、枕套、床楣、披巾、头巾、台帏、绣服、鞋帽、戏衣等，也

> **祥云** 具有代表性的中国文化符号，在我国具有上千年的时间跨度。从周代开始，逐渐在楚地形成了以云纹为主的装饰风格。这股风气到秦汉时已是弥漫全国，达到了极盛。云气神奇美妙，发人遐想，在古人看来，云是吉祥和高升的象征。

■ 粤绣红莲与鹅

潮绣九龙屏风

有镜屏,挂幛、条幅等。

自清代以来,粤绣艺术被广泛应用于日常生活实用装饰品上。清代粤绣工人大多是广州、潮州人,特别潮州绣工技巧更高。

阅读链接

据《太平广记》记载,唐代绣女卢媚娘在一尺绢上绣《法华经》和绣成"飞仙盖"后,被唐顺宗皇帝欣赏,留于宫中。

唐宪宗李纯即位后,赐她金凤环戴于腕上。卢媚娘不愿在宫中受到束缚,于是自度为道士,皇帝只好放她归南海,并赐号"逍遥"。

传说卢媚娘去世时,满堂都是香气。她的弟子准备给她安葬,在抬棺时竟然觉得没有了重量,弟子赶忙撤其棺盖,只看到卢媚娘曾经穿过的一双旧履。

据说后来有人见卢媚娘常常乘紫云游于海上。

明清时期的蜀绣

蜀绣又称"川绣",是以四川成都为中心生产的刺绣品的总称。蜀绣多产于四川成都、绵阳等地。蜀绣在汉代就已经誉满天下,2000多年来,它一直受到人们的喜爱。

明清时期,蜀绣与苏绣、湘绣、粤绣合称为"中国四大名绣"。

清朝中叶以后,蜀绣逐渐形成了行业,有很多从业工人,当时各县官府均鼓励蜀绣生产,这使蜀绣工艺的发展进入了一个新阶段,在技术上不断创新,蜀绣品种也日益增多了起来。

■ 蜀绣屏风

■ 蜀绣神女像

蜀绣的生产具有悠久的历史。蜀绣的历史跟蜀锦一样，都是萌芽于古蜀时期先人的智慧和创造。据文献记载，蜀国最早的君王蚕丛已经懂得养殖桑蚕。

汉末三国时，蜀锦蜀绣就已经驰名天下，作为珍稀而昂贵的丝织品，蜀国经常用它交换北方的战马或其他物资，从而成为主要的财政来源和经济支柱。

晋代常璩在《华阳国志·蜀志》中，则明确提出蜀绣和蜀中其他的物产，包括玉、金、银、珠、碧、铜、铁、铅、锡、锦等，皆可视为"蜀中之宝"，充分说明蜀绣作为地方工艺品的珍稀独特。

蜀绣以四川省郫县安靖镇为发源地，成都为中心向四周扩散。异形、异色、异针"双面三异绣"，堪称安靖蜀绣之绝活。

蚕丛 又称"蚕丛氏"，蜀国首位称王的人。他是古代养蚕专家，据说他的眼睛跟螃蟹一样是向前突起，头发在脑后梳成"椎髻"，衣服样式向左交叉，最早他居住岷山石室中。后来蚕丛为了养蚕事业，率领部族从岷山到成都居住。

据《元和郡县志》记载，在唐代，郫筒酒、安靖刺绣就作为贡品进入宫廷，成为皇帝奖赏功臣的主要物品。唐代末期，南诏进攻成都，掠夺的对象除了金银、蜀锦、蜀绣，还大量劫掠蜀锦蜀绣工匠，视之为奇珍异物。

至宋代，蜀绣的发展达到鼎盛时期，技术上不断创新，绣品在工艺、产销量和精美程度上都独步天下。

　　起源于川西民间的蜀绣，由于受地理环境、风俗习惯、文化艺术等各方面的影响，经过长期的不断发展，逐渐形成了严谨细腻、光亮平整、构图疏朗、浑厚圆润、色彩明快的独特风格。

　　蜀绣传统针法绣技近100种，常用的有30多种，如晕针、切针、拉针、沙针、汕针等。各种针法交错使用，变化多端，或粗细相间，或虚实结合，阴阳远近表现无遗。

　　这些传统技艺长于刺绣花鸟虫鱼等细腻的工笔，善于表现气势磅礴的山水图景，刻画人物形象也逼真传神。

　　蜀绣绣法灵活，适应力强。一般绣品都采用绸、缎、绢、纱、绉作为面料，并根据绣物的需要，制作程序、配色、用线各不相同。

　　蜀绣题材多吉庆寓意，具有民间色彩。多为花鸟、走兽、山水、虫鱼、人物、树

蜀绣作品

木，品种除纯欣赏品绣屏以外，还有被面、枕套、衣、鞋、靠垫、桌布、头巾、手帕、画屏等。

既有巨幅条屏，又有袖珍小件，是观赏性与实用性兼备的精美艺术品。

明清时期，蜀绣着意宋元名画题材入绣，点染成文，无不精妙，几乎成为民间刺绣代表。

明代设内廷作坊专门管理各项工艺的制作，这一官方机构除了督造朝廷所需，对刺绣行业的正规确立外，对提高其社会经济地位同样起到了积极作用。作为工艺制作的一项重要内容，蜀绣也有了长足发展。

明代蜀绣的工艺，可以从明代官服上体现出来。事实上，明代官服上的宝瓶、莲花和如意蝴蝶等民间"八宝"，多为蜀绣工艺，足以代表当时蜀绣的工艺水平。

明代秦良玉的锦袍可谓蜀绣极品，堪称蜀锦和蜀绣完美结合的典范。一件为蓝缎并金绣蟒袍，胸背襟袖均并金刺绣蟒纹，彩绣万福、如意、云纹、宝相花纹等；一件为黄缎秦良玉平金绣蟒凤衫，除蟒纹外，胸背又绣双凤，裙脚彩绣寿山福海，空白间绣彩云。

秦良玉是今重庆忠县人，是明代著名女将。她是石砫宣抚使马千乘之妻，善骑射，富有胆识。夫亡后，秦良玉代领其军，号称"白杆军"。

她曾经两度率师北上勤王，抵御后金有功，封一品夫人，晋爵为忠贞侯。

崇祯帝曾亲自召见秦良玉，赐一品服，并赋诗4首褒奖。其一写道：

秦良玉（1574—1648），明朝末年战功卓著的女性军事统帅、民族英雄、军事家。官至大明柱国光禄大夫、太子太保、太子太傅、少保、四川招讨使、中军都督府左都督、镇东将军、四川总兵官、忠贞侯、一品诰命夫人。她死后南明朝廷追谥曰"忠贞"。

蜀锦征袍手剪成，
桃花马上请长缨。
世间多少奇男子，
谁肯沙场万里行？

服饰之用黄色在隋唐为皇帝所兴，宋元代以后，赤黄、丹黄、浅黄更为朝廷专用。秦良玉因受赐"太子太保诰封一品夫人"，所以可穿黄缎蟒凤纹袍衫。

女将军身着蜀锦缎精绣蟒袍驰骋疆场，其俊美英武非男儿可比。

清代初期，蜀绣艺人们吸取了顾绣的长处，以及长针刺绣而后扎针的民间绣法，蜀绣又有了新的发展。由于当时选料、制作认真，成品工坚、料实、价廉，长期行销于陕西、山西、甘肃、青海等地，颇受欢迎。

清初蜀绣出品多衣裙、被面、枕套、帐幔、鞋帽等实用服饰品。花纹取材，由艺人们根据民间吉庆词句或流行式样，自行描绘绣制。也有部分作品兼用苏绣构图布局及运针设色方法。模仿绘画章法构图的纯欣赏品绣画较少，民间质朴气息浓厚。

清道光时期，成都是生产蜀绣的中心。成都市内发展有很多绣花铺，既绣又卖。此时的蜀绣以软缎和

■ 蜀绣屏风

内廷 对外廷而言，明代内廷指由内臣，即太监组成的一个相对于文官外朝的完整对应机构，比如司礼监对应内阁。清代内廷指乾清门内，皇帝召见臣下，处理政务之所。军机处、南书房等清朝重要机构均设于此。

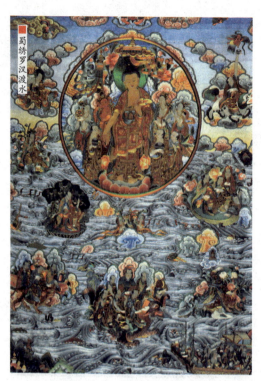

蜀绣罗汉渡水

彩丝为主要原料。

题材内容有山水、人物、花鸟、虫鱼等。针法经初步整理,有套针、斜滚针、旋流针、参针、棚参针、编织针等。品种有绣被、绣枕、绣衣、绣鞋等日用品和台屏、挂屏等欣赏品。

在当时,成都的刺绣手工作坊在九龙巷、科甲巷一带有八九十家。如三皇神会时的刺绣主分3类:穿货,包括生产礼服、霞披、挽袖及其他实用品;行头,主要是剧装;灯彩,包括红白喜事用的围屏、彩帐等。

清道光时期,还成立了民间组织的三皇神会,时间是1830年。这是一个由铺主、领工和工人组成的刺绣业的专门行会。

行会建立行规,确定专业分工,维持行业内部生产、销售等各方的利益,表明蜀绣已从家庭逐渐进入市场,形成广为社会所需的规模生产。当时的生产品种主要是官服、礼品、日用花衣、边花、彩帐和条屏等。

清代中后期,蜀绣在当地传统刺绣技法的基础上吸取了顾绣和苏绣的长处,一跃成为全国重要的商品绣之一。蜀绣用针工整、平齐光亮、丝路清晰、不加代笔,花纹边缘如同刀切一般齐整,色彩鲜丽。

至1904年清朝朝廷在成都成立四川劝工局,对蜀绣行业的生产、销售进行管理。劝工局内设刺绣科，聘请名家设计绣稿，同时钻研刺绣技法。

在劝工局时期，蜀绣业更加兴盛，当时一批有特色的画家，如刘子兼的山水、赵鹤琴的花鸟、杨建安的荷花、张致安的虫鱼等入绣。既提高了蜀绣的艺术欣赏性，同时也产生了一批刺绣名家，如张洪兴、王草廷、罗文胜、陈文胜等。

张洪兴等名家绣制的动物四联屏获巴拿马赛会金奖。张洪兴绣制的狮子滚绣球挂屏又获得清王朝嘉奖，授予五品军功，为蜀绣赢得很大声誉。

劝工局时的蜀绣题材除以古代名家画作，如苏东坡的怪石丛条、郑板桥的竹石、陈老莲的人物等为粉本，又请当时名画家设计绣稿，并绣制流行图案，既有山水花鸟、博古、龙凤、瓦文、古钱一类，又有民间传说。

如八仙过海、麻姑献寿，吹箫引凤等，也有隐喻喜庆吉祥荣华富贵的喜鹊闹梅、鸳鸯戏水、金玉满堂等，十分丰富。

四川博物馆藏有许多清代蜀绣作品，从中可以窥见清代蜀绣的工艺水平。其中的《戏曲故事屏》，以蓝缎为地，由4幅立轴组成，内容为戏曲故事。它所用针法很多，由齐针、缠针、戗针、锁针、钉线绣、铺针、锦上织花

四川劝工局 清代末年朝廷推行实业的省级机构。1904年设于成都旧皇城原宝川局旧址。试办进行各项近代工艺制作的企业及近代福利事业，并向全省推广。曾对当时蜀绣工艺的发展和提高起到了积极作用。1907年设立通省劝业道，四川劝工局裁归道署管辖。

■ 蜀绣作品

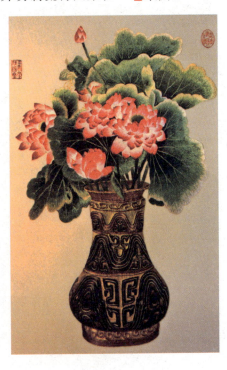

针等多种组合针法。旗帜、桥梁、竹筏用网绣或锦上织花针，树叶用齐针，水波比较有特色，用缠针、戗针等。

另一件《盘金博古纹椅垫》，椅披垫为红缎地，用盘金、钉绣绣法将图案轮廓镶蓝色、紫色边。椅披图案为博古、宝瓶、香炉、玉兰、荷花、葡萄、佛手、金瓜等寓意"福寿绵长"；椅垫图案为蝙蝠、石磬、芙蓉寓意"吉庆有福"。

宝瓶用网绣，石磬用盘金和钉线滚边，芙蓉用盘金加留水路。针法组合得十分自然。

此外，四川博物馆还藏有其他蜀绣作品，如白缎地《人物故事蚊帐檐》、蜀绣绿地《人物故事蚊帐檐》、红缎地《百鸟朝凤蚊帐檐》、红缎地《仕女书画纹枕顶》等。这些作品，构图层次分明，色彩典雅，针法细密，具有很强的装饰性，是蜀绣典型的民间风格。

阅读链接

在我国古代史上，正式被当朝皇帝册封为女将军的，实际上只有秦良玉一位。

1629年底，清兵绕道喜峰口，攻陷遵化，直抵北京城下。

秦良玉闻讯，火速率"白杆兵"兼程北上，奋勇出击，在友军的配合下，收复永平、遵化等4座城池，解除了清兵对北京的威胁。为此，崇祯皇帝大加褒奖，许其穿特制的蓝缎平金绣蟒袍。

秦良玉蓝缎平金绣蟒袍现藏于重庆博物馆，此袍长1.71米，袖长0.96米。根据对秦良玉所遗留下来的衣物等遗物测定，其身高约1.86米。

中华精神家园书系

建筑古蕴
壮丽皇宫：三大故宫的建筑壮景
宫殿怀古：古风犹存的历代华宫
古都遗韵：古都的厚重历史遗影
千古都城：三大古都的千古传奇
王府胜景：北京著名王府的景致
府衙古影：古代府衙的历史遗风
古城底蕴：十大古城的历史风貌
古镇奇葩：物宝天华的古镇奇观
古村佳境：人杰地灵的千年古村
经典民居：精华浓缩的最美民居

古建之魂
千年名刹：享誉中外的佛教寺院
天下四绝：佛教的海内四大名刹
皇家寺院：御赐美名的著名古刹
寺院奇观：独特文化底蕴的名刹
京城宝刹：北京内外八刹与三山
道观杰作：道教的十大著名宫观
古塔瑰宝：无上玄机的魅力古塔
宝塔珍品：巧夺天工的非常古塔
千古祭庙：历代帝王庙与名臣庙

古建涵蕴
天下祭坛：北京祭坛的绝妙密码
祭祀庙宇：香火旺盛的各地神庙
绵延祠庙：传奇神人的祭祀圣殿
至圣尊崇：文化浓厚的孔孟祭地
人间天宫：非凡造诣的妈祖庙宇
祠庙典范：最具人文特色的祭祠
绝代王陵：气势恢宏的帝王陵园
王陵雄风：空前绝后的地下城堡
大宅揽胜：宏大气派的大户宅第
古街韵味：古色古香的千年古街

古建风雅
皇家御苑：非凡胜景的皇家园林
非凡胜景：北京著名的皇家园林
园林精粹：苏州园林特色与名园
秀美园林：江南园林特色与名园
园林千姿：岭南园林特色与名园
雄丽之国：北方园林特色与名园
亭台情趣：迷人的典型精品古建
楼阁雅韵：神圣典雅的古建象征
三大名楼：文人雅士的汇聚之所
古建古风：中国古典建筑与标志

文化遗迹
远古人类：中国最早猿人及遗址
原始文化：新石器时代文化遗址
王朝遗韵：历代都城与王城遗址
考古遗珍：中国的十大考古发现
陵墓遗存：古代陵墓与出土文物
石窟奇观：著名石窟与不朽艺术
石刻神工：古代石刻与文化艺术
岩画古韵：古代岩画与艺术特色
家居古风：古代建材与家居艺术
古道依稀：古代商贸通道与交通

物宝天华
青铜时代：青铜文化与艺术特色
玉石之国：玉器文化与艺术特色
陶器寻古：陶器文化与艺术特色
瓷器故乡：瓷器文化与艺术特色
金银生辉：金银文化与艺术特色
珐琅精工：珐琅器与文化之特色
琉璃古风：琉璃器与文化之特色
天然大漆：漆器文化与艺术特色
天然珍宝：珍珠宝石与艺术特色
天下奇石：赏石文化与艺术特色

中华精神家园书系

古迹奇观
- 玉宇琼楼：分布全国的古建筑群
- 城楼古景：雄伟壮丽的古代城楼
- 历史开关：千年古城墙与古城门
- 长城纵览：古代浩大的防御工程
- 长城关隘：万里长城的著名关卡
- 雄关漫道：北方的著名古代关隘
- 千古要塞：南方的著名古代关隘
- 桥的国度：穿越古今的著名桥梁
- 古桥天姿：千姿百态的古桥艺术
- 水利古貌：古代水利工程与遗迹

山水灵性
- 母亲之河：黄河文明与历史渊源
- 中华巨龙：长江文明与历史渊源
- 江河之美：著名江河的文化源流
- 水韵雅趣：湖泊泉瀑与历史文化
- 东岳西岳：泰山华山与历史文化
- 五岳名山：恒山衡山嵩山的文化
- 三山美名：三山美景与历史文化
- 佛教名山：佛教名山的文化流芳
- 道教名山：道教名山的文化流芳
- 天下奇山：名山奇迹与文化内涵

自然遗产
- 天地厚礼：中国的世界自然遗产
- 地理恩赐：地质蕴含之美与价值
- 绝美景色：国家综合自然风景区
- 地质奇观：国家自然地质风景区
- 无限美景：国家自然山水风景区
- 自然名胜：国家自然名胜风景区
- 天然生态：国家综合自然保护区
- 动物乐园：国家动物自然保护区
- 植物王国：国家保护的野生植物
- 森林景观：国家森林公园大博览

西部沃土
- 古朴秦川：三秦文化特色与形态
- 龙兴之地：汉水文化特色与形态
- 塞外江南：陇右文化特色与形态
- 人类敦煌：敦煌文化特色与形态
- 巴山风情：巴渝文化特色与形态
- 天府之国：蜀文化的特色与形态
- 黔风贵韵：黔贵文化特色与形态
- 七彩云南：滇云文化特色与形态
- 八桂山水：八桂文化特色与形态
- 草原牧歌：草原文化特色与形态

东部风情
- 燕赵悲歌：燕赵文化特色与形态
- 齐鲁儒风：齐鲁文化特色与形态
- 吴越人家：吴越文化特色与形态
- 两淮之风：两淮文化特色与形态
- 八闽魅力：福建文化特色与形态
- 客家风采：客家文化特色与形态
- 岭南灵秀：岭南文化特色与形态
- 潮汕之根：潮汕文化特色与形态
- 滨海风光：琼州文化特色与形态
- 宝岛台湾：台湾文化特色与形态

中部之魂
- 三晋大地：三晋文化特色与形态
- 华夏之中：中原文化特色与形态
- 陈楚风韵：陈楚文化特色与形态
- 地方显学：徽州文化特色与形态
- 形胜之区：江西文化特色与形态
- 淳朴湖湘：湖湘文化特色与形态
- 神秘湘西：湘西文化特色与形态
- 瑰丽楚地：荆楚文化特色与形态
- 秦淮画卷：秦淮文化特色与形态
- 冰雪关东：关东文化特色与形态

节庆习俗
- 普天同庆：春节习俗与文化内涵
- 张灯结彩：元宵习俗与彩灯文化
- 寄托哀思：清明祭祀与寒食习俗
- 粽情端午：端午节与赛龙舟习俗
- 浪漫佳期：七夕节俗与妇女乞巧
- 花好月圆：中秋节俗与赏月之风
- 九九踏秋：重阳节俗与登高赏菊
- 千秋佳节：传统节日与文化内涵
- 民族盛典：少数民族节日与内涵
- 百姓聚欢：庙会活动与赶集习俗

民风根源
- 血缘脉系：家族家谱与家庭文化
- 万姓之根：姓氏与名字号及称谓
- 生之由来：生庚生肖与寿诞礼俗
- 婚事礼俗：嫁娶礼俗与结婚喜庆
- 人生遵俗：人生处世与礼俗文化
- 幸福美满：福禄寿喜与五福临门
- 礼仪之邦：古代礼制与礼仪文化
- 祭祀庆典：传统祭典与祭祀礼俗
- 山水相依：依山傍水的居住文化

衣食天下
- 衣冠楚楚：服装艺术与文化内涵
- 凤冠霞帔：佩饰艺术与文化内涵
- 丝绸锦缎：古代纺织精品与布艺
- 绣美中华：刺绣文化与四大名绣
- 以食为天：饮食历史与筷子文化
- 美食中国：八大菜系与文化内涵
- 中国酒道：酒历史酒文化的特色
- 酒香千年：酿酒遗址与传统名酒
- 茶道风雅：茶历史茶文化的特色

国风美术
- 丹青史话：绘画历史演变与内涵
- 国画风采：绘画方法体系与类别
- 独特画派：著名绘画流派与特色
- 国画瑰宝：传世名画的绝色魅力
- 国风长卷：传世名画的大美风采
- 艺术之根：民间剪纸与民间年画
- 影视鼻祖：民间皮影戏与木偶戏
- 国粹书法：书法历史与艺术内涵
- 翰墨飘香：著名书法名作与艺术
- 行书天下：著名行书精品与艺术

汉语之魂
- 汉语源流：汉字汉语与文章体类
- 文学经典：文学评论与作品选集
- 古老哲学：哲学流派与经典著作
- 史册清青：历史典籍与文化内涵
- 统御之道：政论专著与文化内涵
- 兵家韬略：兵法谋略与文化内涵
- 文苑集成：古代文献与经典专著
- 经传宝典：古代经传与文化内涵
- 曲苑音坛：曲艺说唱项目与艺术
- 曲艺奇葩：曲艺伴奏项目与艺术

博大文学
- 神话魅力：神话传说与文化内涵
- 民间相传：民间传说与文化内涵
- 英雄赞歌：四大英雄史诗与内涵
- 灿烂散文：散文历史与艺术特色
- 诗的国度：诗的历史与艺术特色
- 词苑漫步：词的历史与艺术特色
- 散曲奇葩：散曲历史与艺术特色
- 小说源流：小说历史与艺术特色
- 小说经典：著名古典小说的魅力

中华精神家园书系

歌舞共娱
- 古乐流芳：古代音乐历史与文化
- 钧天广乐：古代十大名曲与内涵
- 八音乐乐：古代乐器与演奏艺术
- 莺歌凤舞：古代大曲历史与艺术
- 妙舞长空：舞蹈历史与文化内涵
- 体育古项：体育运动与古老项目
- 民俗娱乐：民俗运动与古老项目
- 刀光剑影：器械武术种类与文化
- 快乐游艺：古老游艺与文化内涵
- 开心棋牌：棋牌文化与古老项目

科技回眸
- 创始发明：四大发明与历史价值
- 科技首创：万物探索与发明发现
- 天文回望：天文历史与天文科技
- 万年历法：古代历法与岁时文化
- 地理探究：地学历史与地理科技
- 数学史鉴：数学历史与数学成就
- 物理源流：物理历史与物理科技
- 化学历程：化学历史与化学科技
- 农学春秋：农学历史与农业科技
- 生物寻古：生物历史与生物科技

文化标记
- 龙凤图腾：龙凤崇拜与舞龙舞狮
- 吉祥如意：吉祥物品与文化内涵
- 花中四君：梅兰竹菊与文化内涵
- 草木有情：草木美誉与文化象征
- 雕塑之韵：雕塑历史与艺术内涵
- 壁画遗韵：古代壁画与古墓丹青
- 雕刻精工：竹木骨牙角匏与工艺
- 百年老号：百年企业与文化传统
- 特色之乡：文化之乡与文化内涵

杰出人物
- 文韬武略：杰出帝王与励精图治
- 千古忠良：千古贤臣与爱国爱民
- 将帅传奇：将枫云与文韬武略
- 思想宗师：先贤思想与智慧精华
- 科学鼻祖：科学精英与求索发现
- 发明巨匠：发明天工与创造英才
- 文坛泰斗：文学大家与传世经典
- 诗神巨星：天才诗人与妙笔华篇
- 画界巨擘：绘画名家与绝代精品
- 艺术大家：艺术大师与杰出之作

戏苑杂谈
- 梨园春秋：中国戏曲历史与文化
- 古戏经典：四大古典悲剧与喜剧
- 关东曲苑：东北戏曲种类与艺术
- 京津大戏：北京与天津戏曲艺术
- 燕赵戏苑：河北戏曲种类与艺术
- 三秦戏苑：陕西戏曲种类与艺术
- 齐鲁戏台：山东戏曲种类与艺术
- 中原曲苑：河南戏曲种类与艺术
- 江淮戏话：安徽戏曲种类与艺术

千秋教化
- 教育之本：历代官学与民风教化
- 文武科举：科举历史与选拔制度
- 教化于民：太学文化与私塾文化
- 官学盛况：国子监与学宫的教育
- 朗朗书院：书院文化与教育特色
- 君子之学：琴棋书画与六艺课目
- 启蒙经典：家教蒙学与文化内涵
- 文房四宝：纸笔墨砚及文化内涵
- 刻印时代：古籍历史与文化内涵
- 金石之光：篆刻艺术与印章碑石

悠久历史
- 古往今来：历代更替与王朝千秋
- 天下一统：历代统一与行动韬略
- 太平盛世：历代盛世与开明之治
- 变法图强：历代变法与图强革新
- 古代外交：历代外交与文化交流
- 选贤任能：历代官制与选拔制度
- 法治天下：历代法制与公正严明
- 古代税赋：历代赋税与劳役制度
- 三农史志：历代农业与土地制度
- 古代户籍：历代区划与户籍制度

信仰之光
- 儒学根源：儒学历史与文化内涵
- 文化主体：天人合一的思想内涵
- 处世之道：传统儒家的修行法宝
- 上善若水：道教历史与道教文化

梨园谱系
- 苏沪大戏：江苏上海戏曲与艺术
- 钱塘戏话：浙江戏曲种类与艺术
- 荆楚戏台：湖北戏曲种类与艺术
- 潇湘梨园：湖南戏曲种类与艺术
- 滇黔好戏：云南贵州戏曲与艺术
- 八桂梨园：广西戏曲种类与艺术
- 闽台戏苑：福建戏曲种类与艺术
- 粤琼戏话：广东戏曲种类与艺术
- 赣江好戏：江西戏曲种类与艺术

传统美德
- 君子之为：修身齐家治国平天下
- 刚健有为：自强不息与勇毅力行
- 仁爱孝悌：传统美德的集中体现
- 谦和好礼：为人处世的美好情操
- 诚信知报：质朴道德的重要表现
- 精忠报国：民族精神的巨大力量
- 克己奉公：强烈使命感和责任感
- 见利思义：崇高人格的光辉写照
- 勤俭廉政：民族的共同价值取向
- 笃实宽厚：宽厚品德的生活体现

历史长河
- 兵器阵法：历代军事与兵器阵法
- 战事演义：历代战争与著名战役
- 货币历程：历代货币与钱币形式
- 金融形态：历代金融与货币流通
- 交通巡礼：历代交通与水陆运输
- 商贸纵观：历代商业与市场经济
- 印纺工业：历代纺织与印染工艺
- 古老行业：三百六十行由来发展
- 养殖史话：古代畜牧与古代渔业
- 种植细说：古代栽培与古代园艺

强健之源
- 中国功夫：中华武术历史与文化
- 南拳北腿：武术种类与文化内涵
- 少林传奇：少林功夫历史与文化